【台灣文化百科】
在地關懷 · 世界觀點

釀造時代
1895～1970台灣酒類標貼設計

Brewing Age--

The Designs of Taiwanese Alcohol Lables during
1895-1970

姚村雄 著

遠足文化
Walkers Cultural

序

　　台灣設計發展漸趨國際化、多元化之際，有關台灣設計風格、設計文化的建立，實為當務之急，但由於政治社會環境因素，以往有關台灣本土設計歷史、文化常遭忽視，所以許多珍貴的設計歷史資料與文化資源，隨著時間的流逝而逐漸散佚，使得當今許多年輕設計學子往往熟稔西方的設計史發展，卻不知自己身處之地的設計歷史文化。

　　姚村雄學棣除認真於設計教學外，並對台灣本土設計文化熱切關心，所以近年來對台灣美術設計的歷史發展曾不斷進行整理研究，而陸續有許多相關的研究論述發表與研究成果呈現。本書為其有關台灣設計史系列研究之一部分，主要是針對一般民間生活中常見的酒類商品，進行其標貼設計的研究、分析，亦即透過豐富的標貼設計作品資料與詳細的文字敘述，將日治到光復後(1895-1970)之台灣酒類標貼作有系統的歸類、整理與分析。

　　也就是從藝術社會學角度，探討各階段台灣社會環境變化對於酒類標貼設計的影響關係。所以，書中的各階段台灣酒類標貼設計樣式變化，實可視為台灣近代美術設計發展的歷史過程，以及台灣社會文化演變之縮影，透過本書的研究論述，不僅可清楚瞭解台灣早期標貼設計的表現形式與風格面貌，並可藉以建立台灣早期設計發展的歷史脈絡。本書的出版，對於視覺設計與台灣文化相關教學、研究，應可提供具體的參考與運用，所以特此為文加以推薦。

國立雲林科技大學 教務長

姚後宗

2003.12 月

目次

CONTENTS

前 言

　　台灣近百年來，命運多舛，其間歷經了各階段不同政治體制與社會環境的轉變，以及外來文化的衝擊，因而有著豐富多采的歷史過程與生活面貌。台灣早期的各種美術設計，由於伴隨著階段歷史發展，因而有著各種樣貌的風格表現；這些早期的設計作品，並成為台灣社會文化的縮影，以及當時台灣人的生活足跡、生活態度、審美趣味，與設計流行思潮的具體反映。然而，長久以來由於政治環境的影響，有關早期台灣設計的歷史發展，卻常受到人們的忽視與遺忘，有關設計之歷史脈絡與文化資源的整理、建立，呈現了紀錄空白的現象。直到1987年台灣解嚴之後，在台灣相關研究受到重新關注，並逐漸成為顯學之際，台灣設計史、設計文化研究也在這種台灣研究熱潮中日益興起，並且也能持較正確態度去面對早期的種種特殊社會現象與設計表現。筆者近十年來除從事設計教學外，並致力於台灣設計歷史、文化的整理研究，陸續有許多相關之初步研究論述發表。期能透過有系統的研究進行，以逐步建構台灣設計發展之歷史脈絡與文化資源，進而提供設計學術、設計教育及設計創作之運用與參考，並喚起社會各界對台灣設計歷史與生活文化之關心與重視。

　　本書係筆者有關台灣早期設計發展系列研究之一部分，主要針對台灣早期酒類商品的包裝設計進行整理與分析。由於酒類是日常生活中大家熟悉的商品，其包裝容器外觀的標貼設計，不僅具有商品識別、訊息傳達、廣告宣傳與視覺美化的功能，各時期標貼的設計表現，常因產品的種類特色、社會環境的變化發展、消費者的喜好與市場需求，以及各種生活流行與外來文化的影響，而會形成獨特的設計形式與風格面貌。台灣的酒類生產歷史長久，隨著各階段的社會環境發展，不僅有各種風味、類型多樣的產品，其間並有豐富多采的包裝標貼設計變化，透過這些標貼樣式的設計演變與風格遞嬗，除能窺見台灣美術設計的發展脈絡與視覺文化流行歷程，並且，這些標貼設計，更是台灣各時

期的社會發展、生活文化、設計思潮及審美價值之具體反映，具有特殊的時代意義。

　　日治之前，台灣雖已有沿襲自閩粵的傳統生活型態與酒類生產釀製，但產品種類、產量不多；1895年日人殖民統治之後，由於受到政治社會改變以及殖民文化的衝擊、外來進口商品的影響，促使台灣酒類市場呈現百家爭鳴的競爭現象；1922年日人統治者，因覬覦龐大的酒類消售利益，遂將其收歸專賣，禁止所有民間私人的酒類生產販售，而開啟了台灣長達八十年的酒類專賣歷史；光復之後正值戰後復甦的重建階段，當時酒的產量、類型不多，僅能滿足基本的民生需求，並且處於政權交替，社會、經濟動盪不安，以及文化思想變異的特殊環境下，所有的酒類生產皆配合國家政策進行；1960年代之後，由於社會逐漸安定，經濟日益發展，酒的種類也漸趨多元化，並且工商業日益發達，西方設計觀念的輸入，商品包裝設計也逐漸受到重視。台灣早期各階段的酒類生產環境變化，更影響了標貼的設計發展，促使標貼有著不同的設計表現與風格面貌。

　　因此，本書主要從藝術社會學（Sociology of Art）觀點，透過歷史文獻與設計作品資料的整理、分析，以探討1895-1970年的台灣酒類標貼設計，也就是從各階段影響酒類生產與標貼設計的社會環境變化中，分析、歸納當時酒類標貼的主要形式風格，並探究其設計表現的影響因素與演變過程。書中內容除可提供視覺設計相關研究、教學與創作之參考運用外，亦可作為讀者從早期民間生活的角度，瞭解台灣歷史、文化發展的另一途徑。本書從資料蒐集到寫作付梓，感謝其間受到諸多師長的關心指導與好友的熱心幫忙，以及家人的支持鼓勵。書中若有未盡完善之處，尚祈各界先進不吝指正。

壹、台灣酒類的生產沿革

一、日治專賣前的台灣酒類生產

　　台灣的酒類生產甚早，由於原住民大多有嗜酒之習慣，所以他們很早即會利用土法釀造的方式製酒，例如在台灣南部開發較早的平埔族，便常利用「嚼米製酒」與「蒸米拌麴」等兩種方式造酒。據范咸《重修臺灣府志》第十四卷〈蕃社風俗〉記載：「酒凡二種，一舂秫米使碎，嚼米為麴，置地上，隔夜發氣，拌和藏甕中，數日發變，其味甘酸，曰姑待。婚娶、築舍、捕鹿，出此酒，沃以水，群坐地上，用木瓢或椰碗汲飲之，酒酣歌舞，夜深乃散；一將糯米蒸熟拌麴，入筬籃，置甕口，津液下滴，藏久色味香美，遇貴客始出以待，敬客必先嚐而後進。」(圖1-1)其中所謂的「嚼米為麴」，即是將原住民日常主食的「秫米」(小米)經由口嚼之後混和唾液加以發酵，並拌和舂碎小米藏於甕中數日而釀造成酒；「蒸米拌麴」方式，則是將蒸熟的糯米伴隨酒麴而置於竹籃中發酵，並使酒液逐漸滴於甕中。此外，在康熙末年黃叔璥的《台海使槎錄》一書中，更詳述了除南部平埔族有「嚼米製酒」與「蒸米拌麴」外，在中部、北部地區甚至還會以「澄汁蒸酒」及「餿飯製酒」等較進步的製酒方式，也就是利用蒸餾方式製造品質較醇的酒類。原住民這種較為原始的製酒方式，即是漢族移民來台之前，台灣最早的酒類生產(圖1-2)。

　　台灣弧懸海洋，西鄰中國大陸，早期閩、粵的漳泉、潮惠之人，冒萬險遠渡海峽而來，開拓荒島，散居平地，並成為今日台灣居民之主幹。當時這些早期漢族移民，仍具有大陸之「太白遺風」，酒成為生活中所不可或缺之物，尤其對初期的拓荒移民而言，酒除了是日常飲食助興之物外，還具有慰

藉身心疲累及安撫思鄉情緒之用。最初他們利用沿襲自大陸內地的傳統生產方式釀造以自用，但設備簡陋，種類不多，品質也不佳(圖1-3)。據信史記載，在鄭成功入台之前，台灣市街即有高粱酒與紹興酒之製造及販賣，所以當時酒的來源除自行釀造之外，更透過了與大陸內地的貿易往來，使大陸各地酩酒皆可在台灣購得。如在《諸羅縣志》書中，對於巨賈富人之生活有如下描述：「宴客必豐，酒以鎮江、惠泉、紹興、肴馨山海，青蚨四千，粗置一席。」足見台灣於清季開發興盛之後，社會繁榮，大陸各地

1-1：早期原住民的歡樂飲酒

1-2：早期原住民的酒類生產

酩酒透過往來貿易的船隻,而充斥於市,並成為當時宴客之佳釀。

　　日人據台之前,台灣民間長久以來即有釀酒飲用的傳統,全島各處都有大小不一的酒類製造者,這種酒類的生產、銷售在日人實施專賣之前,皆可各任自由。當時酒類的釀製者不少,但皆無具體規模,據1904年台灣總督府之調查,營業製造者2673家,自用製造者74637戶,釀酒業者眾多而規模小,且設備不一良莠不齊,釀造方式大多僅沿襲傳統舊法,以生產傳統及本土風味的酒類為主,但品質不穩定且產量不多。

　　據日人的調查,早期台灣傳統酒類釀造販售者,其製造及經營方式共有三種:

(一)、**酒　店**:為當時全島各地一般常見的酒類製造及販賣場所,但其規模不大,且多兼營雜貨販賣,利用稻米、地瓜、甘蔗等農產品自行釀造,年產量不過100石左右,且代代相傳一味墨守古法,品質普遍不佳。

(二)、**酒沽仔**:為製酒業者與甘蔗耕作者合資經營,於蔗田附近搭建簡單小屋,利用每年冬季至春季甘蔗生產期間所提供的原料,以生產甘蔗酒、離子

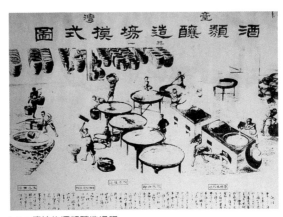

1-3:傳統的酒類釀造過程

酒、糖蜜酒等產品販賣銷售，為一臨時性的製酒場所。

(三)、酒　廊：通常設於糖廊之一隅，利用製糖的副產品離仔土以釀製成離仔酒，其製酒的季節、方式與產品類型皆與酒沽仔相仿，兩者同樣是蔗糖生產期間的副產業，並且都集中於中南部甘蔗盛產地區，但其規

1-4：早期糖廠常附設有製酒設備

模、設備較酒沽仔完善，產量較大，品質也較佳(圖1-4)。

　　當時台灣各地雖有製酒廠商的生產販賣，但仍有許多家庭自行釀造飲用，或進行小規模的製造販售，其產品除延襲自大陸傳統的紹興酒、高粱酒、燒酒、老紅酒等產品外，並利用台灣盛產豐富的稻米、地瓜、蔗糖等農作物，以釀造具有地域性特色的酒類，如米酒、糯米酒、蕃薯酒、糖蜜酒等。

　　日治之後，除了上述這些酒類釀製經營方式外，也逐漸有許多較具規模的酒類製造廠設立，到了1922年專賣實施前，台灣北、中、南各地已有許多由台人或日人所經營之規模設備完善、產品質量俱佳的酒廠，如芳釀株式會社、樹林紅酒株式會社、宜蘭製酒株式會社、埔里社酒造株式會社、中部

製酒公司、大正製酒株式會社等大型酒廠(圖1-5、1-6)。當時酒類製造業日益興盛,市面上各種品牌的酒類產品競爭激烈(圖1-7)。

　　日治初期殖民統治對於民間釀酒雖不加管制,但眼見酒類的飲用量在台灣逐漸增加,酒類生產、販售的利益甚豐。總督府為了增加財政收入,於是在1907年11月開始對民間酒類經營者徵收造酒稅,並逐步進行酒類專賣制度實施的規劃,當時製酒商有一千多家,皆受其管制。在抽取酒稅之前,一般釀造的酒自家消費多於營業販賣者,但在酒稅徵收實施之後,規模較小者逐漸停產,並以營業為目的之釀酒業者居多,且較以往專業化。據載在1922年實施專賣之前,台灣大小規模的製酒廠僅餘212家。

1-5:日治專賣前的樹林酒廠

1-7:日治專賣前的酒類廣告,1911年

1-6:日治專賣前的宜蘭酒廠

二、日治專賣時期的酒類生產

　　台灣的專賣制度，有謂始於明鄭時期，其項目僅有樟腦和鹽；清代台灣割日之前，樟腦、硫磺、煤、煤油（石油）、沙金等物產亦曾實施專賣；日治之後，日人統治者以充裕政府財政之目的，而採取了統制式的經濟政策，對於各項民生物質逐步實施專賣，其範圍包括鴉片(1897年)、食鹽(1899年)、樟腦(1899年)、菸(1905年)、酒(1922年)，以及1942年之後的度量衡、火柴及石油等(圖1-8)。 1897年4月1日總督府頒佈《台灣鴉片專賣令》，開啟了專賣之端，而後逐年擴及各項民生物資，並於1911年成立「台灣專賣局」，隸屬台灣總督府之下，統籌經營各項專賣事業(圖1-9)。

1-8：「總督府台灣專賣局」經營的各項產品

　　日治中期之後，日本在台灣的殖民經營已步入了穩定階段，並希望進一步建設台灣成為其向南拓展殖民事業之基地，總督府於是積極加強殖民的建設與開發，使台灣成為日人海外殖民之典範。當時各項經費支出日益增加，國庫負擔沈重，為了開闢新的財源，於是提出了酒的專賣計劃，以增加財政收入；並且，日本當局發覺酒類在台灣市場的銷售量逐年增加，其生產、販售的利潤優渥，為一投資報酬率相當高的獲利行業。因而更加強了其執行專賣的決心，乃從1907年的酒稅徵收開始，即著手為往後的專賣實施

進行了詳細的規劃。

日人統治者藉口整頓台灣的酒業，改進國民的飲食健康，提升酒類的品質，並提供物美價廉的產品，以嘉惠社會大眾為由，認為台灣原有的酒類製法粗糙且設備簡陋，品質低劣而有害國民健康，故必需實施專賣。於是在 1917 年提

1-9：「總督府台灣專賣局」建築

出酒類專賣的計劃案，總督府令由專賣局籌劃進行，經數年的調查及準備，於 1922 年 5 月 5 日公佈《台灣酒類專賣令》，並在當年 7 月 1 日開始實施酒的專賣制度。由總督府專賣局統籌負責酒類的生產與販賣，嚴格禁止民間造酒，迫令小規模的私人造酒廠停產歇業，並收購具規模的民營製酒設備，以作為其生產之基礎。在此政策之下，專賣局首先徵收十二家、租用二十一

家較具規模的民間製酒工廠，以開始初期的專賣生產，並因應需求而逐年改建、增設工廠及更新設備，以釀製各類型酒類(圖 1 - 10)。此階段專賣局在台灣各地製酒工場、生產類別與發

1-10：專賣之後更新的製酒廠房設備

1-11：日人創設的「高砂麥酒廠」

專賣局酒工場設置沿革表

工場名	原工場名	所在地	主要製造酒類	類別	備註
台北酒工場	日本芳釀株式會社	台北市樺山町	米酒、糖蜜酒、泡盛酒、紅酒、藥酒、洋酒	租用	1929年7月買收
宮前酒工場	台灣製酒株式會社	台北市宮前町	米酒、白麴	徵購	1934年3月廢止
有明酒工場	艋舺龍泉製酒商會	台北市有明町	米酒	租用	1936年12月廢止
太平酒工場	黃東茂酒工場	台北市太平町	米酒、泡盛酒	租用	1924年3月廢止
宜蘭酒工場	宜蘭製酒株式會社	宜蘭郡宜蘭街	米酒、紅酒	徵購	
新竹東門酒工場	鄭雅詩酒工場	新竹郡新竹街	米酒	租用	1923年3月廢止
新竹北門酒工場	林見舜酒工場	新竹郡新竹街	米酒、糖蜜酒、紅酒	租用	1927年8月廢止
台中酒工場	大正製酒株式會社台中工場	台中市敷島町	清酒、米酒、燒酒、味淋糖蜜酒、紅酒、白酒、高粱酒	徵購	
台中酒分工場	何振德酒工場	台中州台中市	米酒	租用	1922年12月廢止
豐原酒工場	中部製酒會社	豐原郡豐原街	米酒、紅酒、糖蜜酒	租用	1928年1月廢止
埔里酒工場	埔里社酒造株式會社	能高郡埔里街	清酒、米酒、燒酒	徵購	
台南酒工場	台南製酒株式會社	台南市鹽埕	米酒、糖蜜酒、藥酒	徵購	
嘉義酒工場	大正製酒株式會社嘉義工場	嘉義郡嘉義街	酒精、糖蜜酒、糯米酒、藥酒	徵購	
斗六酒工場	大正製酒株式會社斗六工場	斗六郡斗六街	酒精、糖蜜酒	徵購	1929年3月廢止
旗山酒工場	旗山釀造株式會社	旗山郡旗山街	米酒	徵購	1928年1月廢止
屏東酒工場		屏東郡屏東街	米酒	新設	1923年10月新設
恆春酒工場	恆春芳釀株式會社	恆春郡恆春街	米酒	徵購	1929年3月廢止
樹林酒工場	樹林紅酒株式會社	台北州海山郡樹林	米酒、紅酒、紅麴	徵購	
樹林酒分工場	龍津製酒公司	台北州海山郡樹林	米酒	租用	1923年3月廢止
花蓮港酒工場	宜蘭振拓株式會社花蓮港工場	花蓮港廳花蓮港街	清酒、米酒、糖蜜酒、燒酎、紅酒	徵購	
花蓮港壽酒工場	佐藤恆之進酒工場	花蓮港廳壽村	米酒、糖蜜酒	租用	1923年1月廢止
台東酒工場	增永三吉酒工場	台東廳台東街	米酒、糖蜜酒	徵購	
板橋酒工場		台北州海山郡板橋	清酒	新設	1939年10月新設

資料來源：台灣酒專賣史，上冊，PP.1048-1050，1207-1209

展過程等資料，整理如下頁圖表。

　　日治期間，專賣局除了自行生產釀製一般酒類外，並從日本內地輸入清酒、麥酒（啤酒），自中國各省進口傳統酪酒，以及從歐、美引進各類洋酒，加以重新包裝處理，再經過配銷販售於島內。專賣局的產品，除了在殖民地台灣銷售外，有些較具特色的酒類並輸出至日本及國外。

　　至於啤酒專賣的實施則較晚，啤酒在尚未實施專賣之前，除一向由日本輸入供給外，1920年日本「高砂麥酒株式會社」在台北市上埤頭（今建國啤酒廠現址）創設「高砂麥酒廠」，開始了台灣的啤酒生產，以供應島內飲用需求(圖1-11)。1922年酒類專賣實施之際，總督府為保護日人資本家起見，乃藉口以財政收益的觀點，啤酒專賣不符合經濟效益，而准許繼續民營，直至1933年7月因市場競爭，分配不均，才由專賣局禁止民營，而始納入酒類專賣之範疇。

　　專賣制度的實施，對於酒類品質的改善，確實有所助益。專賣之前，全台造酒廠家眾多，其產品的名稱、種類繁雜，多以簡略的設備及粗糙的方式釀製，衛生及品質的控制，良莠不齊。專賣之後在尊重民間飲用口味及因應市場需求下，簡化產品的類型，並以較具規模的專業化設備，集中生產，不只品質改善，產量也提升，且透過有組織的販賣形式，作有計劃的生產、行銷，提昇了酒的產量，

1-12：專賣局的酒類生產工廠

促進了酒的銷售，奠定往後台灣專賣事業持續發展的基礎(圖1-12)。

三、 光復後的酒類生產

　　1945年台灣光復之後，政府鑒於本省原有專賣制度的規模略備，且復員之初各項建設需款甚殷，為確保財源，不另增人民負擔，政府於是決定維持本省既有之專賣制度。除此之外，當時尚基於下列理由，而認為專賣事業在台灣仍有其存在必要。

(一)、防止不良品的菸酒銷售市面：菸酒是人民日常生活中的必需品，其品質的好壞關係人民身體健康至為重大。因此經由政府統一生產，不僅可以控制品質，亦能防止杜絕不良商品販售於市，保障國民的健康。

(二)、規定統一的合理價格：專賣生產可以規定合理的價格，保障消費者的權益。

(三)、防止外貨的傾銷：光復初期台灣工商業落後，而外國因其設備技術優越，所以菸酒的品質較佳且成本低廉，往往想在台灣傾銷其廉價的產品。故政府必須規定保護政策，以阻止外貨的傾銷，藉謀本省工商業之發展。

(四)、開闢國外市場：菸酒此種大規模的事業，由政府經營較易發展。且透過有計劃的生產，亦可逐步拓展國外市場，增加國家之外匯收入。

(五)、救濟社會的失業：根據調查，光復初期服務於專賣機構之人員，以及販賣專賣品營生者，不下數萬人之多。所以發展專賣事業，亦是解決當時失業問題，安定社會民生之辦法。

　　基於上述各項理由，日本投降之後行政長官公署仍於1945年11月1日

派員接收專賣局之設備，並改組為「台灣省專賣局」，掌理樟腦、鹽、菸、酒、火柴、度量衡等各項專賣業務。1947年1月1日，專賣局調整生產機構，組設樟腦、酒業、煙草、菸葉、火柴等五家有限公司，專營各項生產業務(圖1-13)。1947年5月16日，台灣省行政長官公署撤銷，改制為「台灣省政府」，專賣局亦同時改組為「台灣省菸酒公賣局」，專賣品並縮小為僅菸、酒兩種。並於1953年7月7日頒布「台灣省內菸酒專賣暫行條例」，同年10月3日頒布「台灣省菸酒專賣暫行條列實施細則」，以為公賣執行之法源依據。

　　「台灣省專賣局」從1945年11月至1946年底，陸續接收並整修日人留下的台北、台中、嘉義、板橋、樹林、屏東、宜蘭、埔里、花蓮港、台南、台東、新竹等12個酒廠。由於戰前的轟炸，除板橋、埔里兩個酒廠外，其餘均曾受嚴重毀損，所以接收之初，即積極展開整頓、修復廠房設備的工作，到了民國35年初，已有部份酒廠開始運作，開啟了光復後酒類生產的階段。由於當時各酒廠設備簡陋、陳舊，糧食欠缺致使釀酒原料也採購不易，並且原來日籍員工大多遣回，形成工廠人力不足，來台接收人員經驗、技術不夠，所以僅能在這種紊亂的現有基礎上勉強生產。首先就日人留於各工廠的庫存產品、原料，先行重新包裝或繼續生產上市，初期的產品種類不多，產量也有限。

1-13：台灣省酒業公司的產品廣告，1947

　　而後隨著國際局勢的轉變，大量的美援投入，以及政府一連串的改革與經濟措施，乃使台灣社會從戰後的廢墟中逐漸復甦。公賣局也在廠房、設備之整修、擴建之後，致力於新產品之研發，才使得產量逐漸增加，種類也較多樣化，並因應各時期的政治、社會環境之改變及國家政策之需要，作各階段的生產計劃。當時為配合國家政策，除生產具有傳統特色的產品外，並盡量利用盛產的水果釀酒，減少米糧酒類的釀製，以節省糧食。所以滿足一般消費大眾需求的中、低價位民生用酒，遂成為此階段台灣酒類的生產重點。

光復初期歷年酒類生產數量表

年　　度	數　量 (公石)	年　　度	數　量 (公石)
1946年	191,623	1959年	1,026,414
1947年	212,541	1960年	981,443
1948年	304,228	1961年	1,029,246
1949年	351,041	1962年	1,031,144
1950年	418,640	1963年	1,015,071
1951年	409,305	1964年	1,106,414
1952年	558,876	1965年	1,225,584
1953年	661,574	1966年	1,251,094
1954年	722,703	1967年	1,360,706
1955年	808,048	1968年	1,477,207
1956年	821,951	1969年	1,645,011
1957年	870,568	1970年	1,784,729
1958年	950,649		

資料來源：臺灣省菸酒事業統計年報，台北，臺灣省菸酒公賣局

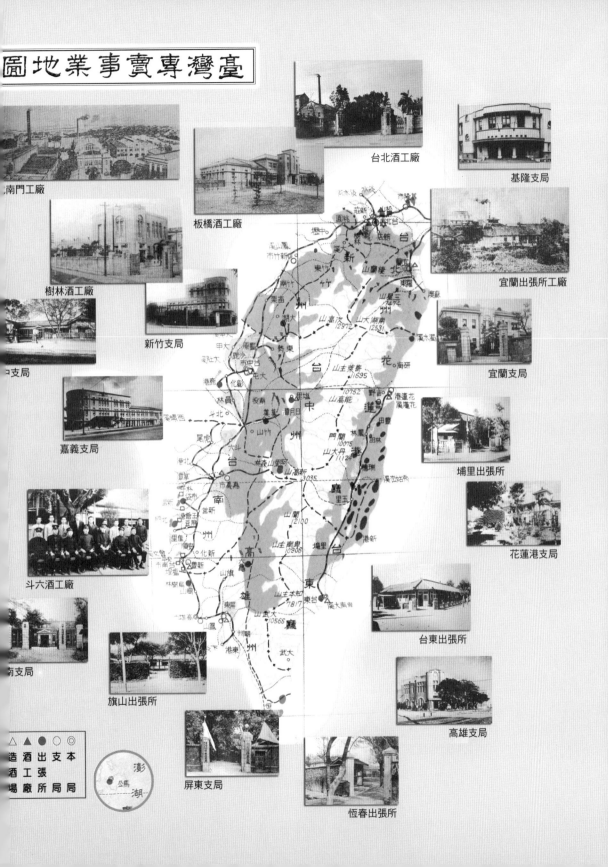

臺灣專賣事業地圖

南門工廠

台北酒工廠

板橋酒工廠

基隆支局

樹林酒工廠

新竹支局

宜蘭出張所工廠

□支局

宜蘭支局

嘉義支局

埔里出張所

斗六酒工廠

花蓮港支局

□支局

台東出張所

旗山出張所

高雄支局

屏東支局

恆春出張所

△ ▲ ● ○ ◎
造酒 出 支 本
酒工 張
場廠 所 局 局

澎湖廳

貳、台灣酒類的包裝與標貼形式

一、酒類的包裝容器

　　商品包裝通常具有內容物保護、運輸、使用，以及視覺美觀、訊息傳達、識別、行銷等多項功能。所以屬於液態的酒類，其製成品必須要有盛貯保存的容器，否則攜取、飲用都不方便。酒類容器由於產品之類型、容量大小及流行趨勢，常會有不同的造形變化，然而不同的容器造形則直接影響了標貼的貼附位置與形式，因此，在探討標貼設計之前，應先瞭解酒類容器之形式變化與發展。

　　通常酒類的包裝容器有酒瓶、酒桶、酒甕、酒樽、酒罈以及金屬鋁罐等各種形式，其使用的材料則有玻璃、陶瓷、木材、金屬等。酒的容器，在西方長久以來大多使用木桶、陶瓷瓶，直至十八世紀始出現昂貴的玻璃瓶，以後由於製作技術的進步，玻璃容器的包裝在西方逐漸普遍。中國傳統的酒類容器，則多以陶瓷的罈、罐為主，玻璃瓶的使用較晚。十九世紀之後，隨著列強而來的西方文化在中國登陸，玻璃瓶裝的酒類容器，始跟著外來文化而逐漸在中國出現，並影響了傳統的酒類包裝形式。

　　由於台灣早期移民的製酒方式皆傳自中國內陸，其風味與包裝形式與內地相仿。1895年割讓於日本之後，隨著日人而來的生活習性與外來文化，逐漸影響了台灣傳統的酒類生產，不只酒的種類增多，使用現代材料的西洋包裝形式也開始在台灣出現，木樽、玻璃瓶容器亦大量使用於酒類包裝。

　　日治專賣時期，總督府專賣局的酒器皆向民間採購，自身不設廠製造。當時日人設有「台灣酒罈統制株式會社」、「台灣製樽株式會社」、「台灣

印刷株式會社」及「台灣竹材加工統制株式會社」等工廠，配合專賣局製作
玻璃、木樽容器，以及瓶塞、酒類運輸用的竹籃。此階段的酒類包裝容器，
一般常用的有「罎裝」（玻璃瓶裝）、「甕裝」（陶瓷罐裝）、「樽裝」（木
桶裝）、「罐裝」（金屬桶裝）等。並且依酒的種類、容量多寡及販賣形式
作不同類型的包裝處理，例如：一般市面上販售的清酒、燒酎、米酒、高粱
酒、葡萄酒等小容量的常用酒類，大多使用玻璃瓶裝，以方便運輸攜帶、陳
列及飲用，依其容量大小有 1.8 公升、0.72 公升、0.7 公升、0.63 公升、
0.6 公升及 0.3 公升等數種最常用之造形。日本酒及中國傳統酒類以直肩之
玻璃瓶為主，西洋酒及水果酒則使用造形變化多樣的洋酒瓶。屬於中國傳統
酒類的五加皮酒、玫瑰露酒、老紅酒等產品，除以玻璃瓶裝外，有些則使用
大容量的陶瓷甕裝、罐裝以便於散裝零售；消耗量大的米酒、糖蜜酒、糯米
酒、清酒等，除了一般的玻璃瓶裝外，亦有為了散裝零售而採大容量的陶瓷
罐裝，以72公升及18公升兩種容量之造形；工業酒精、藥用酒精則多採金
屬罐裝。當時的包裝容器，由專賣局統一向民間採購，而不自設工廠生產，
以減輕專賣之負擔，並可促使日本民間製瓶業之發達。1945年台灣光復之

酒工廠儲藏用酒桶容器

後，公賣局沿續了日治時期酒的專賣生產，並將接收自日人私營的酒器製造工廠，改設為三個供應酒類裝備的材料工廠。此時酒類的包裝大部份以玻璃瓶為主，少數使用陶瓷瓶裝，往後更增加了金屬鋁罐之包裝。所以，綜觀台灣的酒類包裝，由於隨著產品類型、容量變化、包裝技術的發展以及消費者之飲用習性變化，其容器若依製作材料的不同，主要可歸類為下列各種：

(一)、玻璃瓶裝

　　玻璃瓶是酒類使用最多的包裝容器，日治時期台灣酒類包裝的玻璃瓶，除了由日本製造進口外，並有日人開設「台灣酒罈統制株式會社」生產酒瓶(圖2-1)。光復之後，公賣局接收日人的製罈廠房設備，改為「公賣局製瓶工廠」，專事玻璃酒瓶的生產。由於玻璃瓶質地堅硬且耐酸鹼，不易氧化可保持酒類品質，美觀透明可呈現產品色澤，使用方便，製造成本低又可回收，是使用量最大之主要的酒類包裝容器，依其色澤不同可分無色透明玻璃瓶及有色玻璃瓶兩種。透明玻璃可以呈現出內容物真實的色澤、質感，以取得消費者的信賴，讓人安心飲用；有色玻璃瓶的主要作用是保護內容物，免於長時間光線曝曬影響內容物品質，以及具有外觀之美化效果，一般常作褐色及綠色處理(圖2-2)。

2-1：台灣酒罈統制株式會社的酒瓶生產工廠

2-2：光復後公賣局所使用的各種酒瓶

(二)、木製樽裝

　　日治時期的酒類包裝，除了小容量的玻璃瓶裝外，消耗量較大的民生用酒，如米酒、糖蜜酒、紅添酒等產品，常會以日本進口的杉木樽裝，以作為零售酒類的包裝，所以當時日人開設的「台灣製樽株式會社」，配合專賣局製作各種木桶樽裝容器。此工廠於光復之後由政府接收，並改為「台灣省專賣局製樽公司」，以製作貯存及大容量運輸用的木製酒桶(圖2-3)。

2-3：公賣局貯存酒類用的橡木酒桶

2-4：貯存紹興酒的酒甕

(三)、陶瓷瓶

　　陶瓷酒甕製作成本較高,所以除早期少數大容量的零賣酒外(圖2-5),光復之後,陶瓷容器除使用於具有傳統風味之高價位產品,以及產量少、造形特殊的紀念酒包裝外,大多作為紹興、紅露等米麥釀造酒類之貯藏用途(圖2-4)。

2-5:日治專賣時期的大容量酒甕

二、酒類標貼的形式、功能與內容

(一)、標貼的形式

　　容器的材質、造形變化在包裝設計上易形成不同的視覺效果,並且亦會影響標貼的設計表現,所以材質包裝容器的標貼也常有所不同。一般常見的玻璃瓶、木樽桶,其標貼形式大多以紙張印刷貼附使用;陶瓷瓶標貼有的為紙張印刷貼附,但大部份為直接印刷釉燒於瓶身。由於標貼在容器上貼附位置不同,而有各種形式的變化,為使標貼在包裝上發揮最佳的視覺效果,通常會在容器之各個重要的視覺面依序作不同形式的設計。所以,若依貼附的位置來區分,通常有胴貼票(正貼)、肩貼票、頸貼票、酒銘票、封緘票、封証票、証票、定價票、說明書(背貼)等各種形式的標貼,並且每種形式各有其不同的功能與傳達的內容。

★ 酒類標貼名稱位置 ★

- ●頸貼票— 貼附於容器的頸部位置，其內容只有簡單
  的品牌或品名文字，用以加強其產品或品
  牌印象。

- ●肩貼票— 貼附於容器之肩部，位於胴貼票上方，用
  以輔助胴貼票，其內容通常只有品牌、品
  名或製造者等簡單訊息，有的則附加與產
  品相關之廣告文宣。

- ●胴貼票— 貼附於容器腰部之主要陳列面，為酒類包
  裝所不可或缺且最重要的標貼形式，其傳
  達的訊息最多，除基本的品牌、品名、製
  造者外，並有與產品相關的文字說明或圖
  案等。

- ●酒銘票— 貼附於瓶身底部或背部較不重要位置，用
  以標示產品的身份。

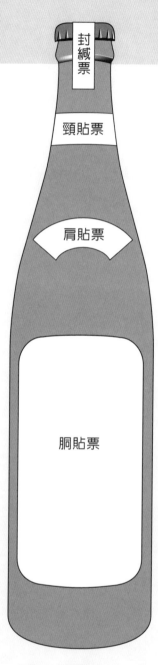

正面

封緘票

頸貼票

說明書

証票

背面

●封緘票─貼附於容器的開口部位，防止使用前
被開啓，以確保產品品質，其內容常
是製造者的商標、名稱及封証之章
等。

●定價票─貼附於瓶身之背面或下端，標示有產品
名稱、容量及價格等訊息。

●說明書─貼附於容器背面，用以說明產品之品
質、內容、特色、使用方式或注意事項
等各項訊息，例如一般藥酒常有說明書
之貼附。

●証　票─貼附於容器之背面或下端，以証明產品
之品質，杜絕偽造不良的產品，例如早
期公賣局酒類皆有「專賣憑証」之貼
附。

上述各種標貼，除了胴貼票是各種酒類皆有外，其它的則依產品性質、包裝的需要及時代流行而選擇使用。如日治時期的藥用葡萄酒及藥酒類的五加皮酒、虎骨酒等常貼附有說明書，以補充說明產品的內容、特性及使用方式。早期產品常有品質不良的偽製品，而且包裝的技術較為簡略，瓶口易於開啟，為確保內容物之品質與容量，乃普遍使用封緘票、封証票或証票，以作為產品之保証。

隨著各階段的環境發展，標貼使用種類也有所不同。例如日治時期的包裝除胴貼票外，肩貼票、封緘票、封証票、証票、定價票及說明書等標貼也使用頻繁；但到了光復之後，標貼的種類愈顯簡單，當時的酒類大部分僅貼有胴貼票，所有的圖、文訊息全部集中於正面的胴貼票上。

(二)、標貼的功能

若要達到保護、運輸、使用、促銷、美觀之各項要求，而成為一個完整的商業包裝，則必需由具物理機能之包裝容器及視覺機能之外觀標貼作適切的配合構成。因此，標貼在包裝的視覺傳達上，具有品牌識別、產品區別、訊息傳達、廣告促銷以及視覺美化等多項功能。

● 品牌識別

透過標貼的設計運用，能使消費者認知，在消費者心中建立深刻的商品印象，以達促銷的效果。例如光復後的紅色米酒標貼，幾十年來已在消費者心中所建立了米酒的品牌形象，其紅底、白色稻穗圖形的標貼，即是其最佳的品牌識別，因而目前市面上各種品牌的米酒標貼，大多仍以公賣局傳統紅標米酒作為設計參考。所以在包裝設計上，對於品牌的推廣、識別非標貼莫

屬，而品牌、品名的訊息傳達則是標貼的首要工作，適當地運用標貼能使商品的品牌在市場上達到識別之最佳效果。

● 產品區別

在商品販賣時，標貼設計不僅可作為產品之區別，更可以告知消費者產品的內容、類型，以作為正確選擇之指引。尤其在不同內容物之系列性商品中，標貼設計是用來區別產品類型的最佳利器，例如光復後的橘酒、葡萄酒、荔枝酒等產品，常會利用標貼中的水果圖形，以發揮內容物區別的效果。

● 訊息傳達

標貼在視覺傳達上，除作為商品標示外，訊息傳遞亦是其重要的功能。其傳達的訊息除了是各商品的品牌、品名及產品說明外，隨著社會環境的不同，還會有不同的訊息內容變化，例如在光復初期的標貼中，即常見有反共愛國的政令文宣。此外，訊息的傳達不僅依靠文字，透過圖形、色彩亦能提供消費者瞭解產品的內容、特性、使用方式或注意事項等相關資料。

● 廣告促銷

商品包裝其實也常擔負有「沈默推銷員」的任務，所以標貼在包裝設計上，除了能提供與產品相關的各種訊息外，並能透過文字的宣傳及圖案、色彩的運用以強調商品的特色，使消費對其產生好感、喜愛而購買，以達到廣告、促銷的功效。

● 視覺美化

透過標貼的視覺設計，往往也可以發揮美化商品外觀，提昇商品品質與價值之效果；並且，優美的商品包裝在販賣時亦可形成較佳的展示效果，

以吸引消費者注意，誘發購買之動機，並可美化賣場氣氛，讓人產生愉悅的視覺經驗。尤其酒類包裝的標貼設計，除能美化商品，有時更可使飲用者產生美好的歡樂氣氛。

　　酒類包裝之標貼除了具有上述各項功能外，有時更兼具了與產品無關的政令宣達或社會教育的功效，例如日治專賣時期曾利用標貼以作為其殖民成果之宣傳，而光復之後公賣局的產品，除了常作為國家重要節慶之祝賀與紀念外，隨著社會環境的轉變，各時期標貼中皆有不同的宣傳內容。此種台灣酒類標貼所附加的功能，則是世界各國產品所罕見的。

(三)、標貼的構成內容

　　在商品包裝上，標貼往往是訊息傳達及視覺設計之重點。因此，標貼設計中的圖形、文字、色彩，即是視覺構成的主要內容。這三者構成了標貼的形式、傳達了標貼的訊息、影響了標貼的設計表現。

● 圖形

　　「圖形」（Graphic）是指在設計上利用插畫、攝影、圖案等作為傳達的視覺形象。標貼中的圖形，則是基於設計上之需要，透過造形、色彩所形成之視覺圖像。圖形除了能夠將產品的特質呈現，並具有快速傳達和易於記憶的功能外，若依據圖形的使用動機而論，則有下述的機能：

◆ 產品種類說明—屬於液態產品的酒類，較難用圖像把內容物完整呈現出來，最常見的方式是利用圖形說明內容物的製造來源、風味特色，以及強調產品之真材實料與品質純正。並藉著圖形以作為產品種類的區別，經由標貼中的圖形，以直接瞭解產品之類型，作為消費者購買、選擇之參考。

例如一般水果酒常會利用寫實水果圖形，以呈現產品的種類特色。

◆產品的聯想與象徵—酒的品牌、命名除了依據產品的製造原料外，有的是以口味（燒酒）、香味（醉香酒）、色澤（紅露酒）、產地（紹興酒）、人名（太白酒）、情境（福壽酒）、音譯（威士忌酒）等方式命名。對於這些產品，有時無法以具象圖形表現產品的特質，唯有運用標貼設計中的圖形，以作為產品象徵或引發消費者對產品的品牌或品質特徵產生聯想。

◆品牌印象的強調—利用標貼中的圖形亦可以強調品牌，加深消費者對產品的印象，並藉以提升商品之品牌及品質形象。例如光復後的「福壽酒」標貼是利用傳統的蝙蝠與壽字紋圖案，以強調「福壽」之品牌意義；「雙鹿五加皮酒」標貼中的兩隻梅花鹿圖案，以及日治專賣時期「金雞老紅酒」標貼中之金色公雞圖案，皆是利用寫實的具象圖形以加深消費者對產品之品牌印象。

◆美化裝飾作用—有些圖形在標貼中僅作為畫面裝飾及視覺美化之用，而不具有任何產品說明或象徵意義，這種圖形除了形式化的吉祥圖案外，大多是抽象的圖案或裝飾的底紋、線條、邊框等。例如日治時期的標貼，常見有日本色彩的裝飾紋樣運用。

此外，隨著設計思潮的發展、表現技法與印刷技術的演進，使得標貼圖形有各種不同類型的變化。若依其表現形式與造形風格分類，則可大致分為「具象圖形」、「圖案化圖形」、「抽象圖形」及「裝飾圖案」等幾種不同樣式。

● 文字

　　文字是人類用以溝通訊息、傳遞思想、表達情感的重要工具。但在設計表現中，文字不只是傳達的媒介，透過字體的造形設計，可以增強特定意念的傳達，使文字在視覺上產生美感，激起觀者的注意，讓感情和文字內涵獲得一致。在標貼設計中的文字，通常具有品牌識別、商品標示、產品說明及視覺美化等功能。消費者可經由文字對商品得到正確的了解，並利用特別的字體設計，以表現產品特色，吸引消費者注意，讓人產生視覺上的美感，進而達到廣告、促銷的效果。

　　酒類標貼中的文字，若依其傳達的性質可區分為：識別性文字如品牌、品名等；說明性文字如內容物說明、使用說明等；促銷性文字如宣傳產品特色之廣告文案；裝飾性文字則是因畫面構成需要，作特殊造形設計之文字，具有視覺上美化的效果。此外各種造形的字體，在視覺上皆可產生不同的效果，所以亦可依造形風格和表現形式，將台灣酒類標貼中常見的字體，歸納為下列數種形式：

◆手寫美術字—係指利用徒手或工具所繪出有別於一般字體的書寫方式，俗稱為「美術字」。在酒類標貼中常用於品牌、品名之設計，此種字體性格明顯，能夠傳達商品特性，極易成為辨識之符號，給消費留下深刻的印象。因此在早期的酒類標貼中，手寫美術字體使用很多，尤其在印刷字體使用尚未普遍之前，字體造形設計常是標貼的設計表現重點，例如手寫繪製的「台灣啤酒」品牌文字，在消費者心目中已建立了深刻的印象，並成了品質保証之象徵。

◆書法—書法字體表現較自由，且規格不受限制，可將書寫者個性與情緒作

●突出的標貼設計，可以美化商品的外觀，並能提升商品價值。
（台灣專賣局的梅酒與龍眼酒新產品上市廣告）

充分的發揮，且毛筆是中國傳統的書寫工具，透過書法字能夠傳達出中國文化特色。因此，在酒類標貼中書法也常被使用，尤其是傳統酒類的品牌名稱，往往會利用書法字體，以表現出產品所具有的中國傳統特色與道地的風味。由於日人嗜用書法作為商品的品牌字體，以呈現出濃厚的東方色彩，所以在日治專賣時期的酒類標貼中，亦常見書法字體的設計運用。

◆印刷字體—指以鉛字、打字等方式為主的定形可直接使用的字體，各種字型並有不同造形、大小的字體變化，以及特殊的視覺效果。印刷字是標貼中使用最多的字體，常用於品牌、品名之外的其它說明文字。早期由於印刷字體尚未普及，所以在酒類標貼中使用較少，光復之後印刷字體才漸為普及。

● 色彩

標貼中的各類圖、文訊息必需要有色彩，不管是有彩色或無彩色，皆可在消費者視覺中引起反應。標貼中的色彩可視為一種重要的傳達工具，善用色彩可以改善圖、文的易讀性，增加傳達的效果，同時並可暗示商品的訊息，刺激消費者的視覺，產生所謂的「色彩聯想」；甚至藉著包裝上的色彩運用，也可以美化產品外觀，提昇商品價值。此外，標貼中的色彩還具有下列功能：

◆品牌識別—藉著標貼中的色彩計劃，可以讓消費者作為產品區別或品牌識別。例如目前市面上啤酒品牌眾多，「台灣啤酒」玻璃瓶標貼中特有的黃、綠配色，已在消費者心目中留下深刻的印象，並成為產品及品牌特有的識別。

◆商品訊息傳達─標貼中的色彩運用，亦可協助各種有關產品的訊息說明，暗示產品性質，傳達商品印象。例如傳統酒類標貼，常見紅、黃、金等傳統吉祥色彩的搭配，藉由色彩以傳達產品的品質特色及訊息。

◆視覺美化與商品促銷─突出的標貼配色，不僅可以美化商品的外觀，提升商品價值，優秀的包裝設計及標貼色彩，可以產生較佳的陳列效果，並可利用適切的配色，吸引消費者的注意、喜愛，以及促進商品的銷售。

●日治時期台灣專賣局的商品促銷展覽活動

參、日治專賣前的酒類標貼設計

1895-1922

一、日治專賣前的產品類型

　　日治專賣之前市面上販售的酒類品，除了本地生產具有台灣特色的傳統酒，並有中國大陸輸入的各地酩酒、日本與歐美進口的清酒及洋酒，以及受外來酒類影響而釀製的產品。這些種類眾多的產品，可大致區分為 ：

(一)、本地生產的傳統酒類：包括高粱酒、米酒、蕃薯酒、糖蜜酒、甘蔗酒，離仔酒、紹興酒、紅酒、糯米酒、茶酒、木瓜酒、芎蕉酒、烏豆酒、綠豆酒、藥酒等。

(二)、從中國大陸輸入的各地酩酒：有五加皮酒、玫瑰露酒、高粱酒、藥酒、紹興酒等。

(三)、日人帶來的酒類：以清酒為主，並有麥酒(啤酒)、燒酎、泡盛、味淋等產品。由於日人統治者酷愛清酒，日治之後需求量大，於是在1910年台灣也開始生產清酒、泡盛、味淋等日本傳統酒類，並逐漸有多達28家的工廠釀製，但是品質欠佳且產量不多，所以大部份還是依靠日本輸入供應。

(四)、歐美進口的洋酒類：洋酒也於日治之後正式輸入台灣，但當時洋酒的飲用尚未普遍，需求量也不多，並且皆是透過日本或上海之歐美代理商進口，主要有香檳酒、威士忌、白蘭地、葡萄酒及其它少數洋酒等。

　　當時台灣所生產的酒類，依其製造方式可分為釀造酒、蒸餾酒及再製酒三種。釀造酒以紹興酒為主，紹興酒由清末來自大陸紹興縣之釀酒技師杜氏

攜來大批酒麴，專門代人釀製而傳入台灣；蒸餾酒有米酒、高粱酒、糖蜜酒、甘蔗酒、蕃薯酒、離仔酒等，其分佈區域通常是高粱酒在台北，米酒、蕃薯酒在全島各地，以甘蔗為原料的糖蜜酒、甘蔗酒與離仔酒多在中、南部蔗糖盛產地區；再製酒有紅酒、茶酒、木瓜酒、芎蕉酒、烏豆酒、綠豆酒及藥酒等，而以紅酒最具盛名。

二、日治專賣前的設計表現

3-1：大陸進口酒的標貼
1890 年代

　　日治之後，台灣的製酒業由於受到日本酒類包裝的標貼使用方式影響，以及因眾多廠商的市場競爭，所以各商家為了促銷產品，以吸引消費者的喜愛、購買，也逐漸注意商品標貼的設計，作為商品宣傳的重點。尤其是當時相同類型的酒有多家廠商生產之情形下，各商家無不費盡心思於標貼的設計表現上，以突顯其產品之特色。當時台灣的酒類標貼設計，除了各家分別有其固定的視覺風格外，不同商家的同一類型商品，有時亦會互相模仿，而呈現了視覺特徵類似、表現形式雷同的現象。

　　隨著早期移民而來的中國傳統文化思想與宗教信仰，形成了台灣民間傳統的視覺喜好，因而在標貼中常見有驅凶、納福等傳統吉祥圖案與色彩之運用；此外，外來酒類的輸入不僅促使市面上的產品多樣化，提供消費者更多

的選擇，更刺激了本地產品的生產，然而這些外來商品的不同風格包裝設計或多或少亦對民間製酒業者造成影響，其標貼的造形、色彩與圖像符號的運用方式，也成為本土業者模仿的對象。因此，由以下的整理、分析可以發現，隨著社會環境的轉變、消費者的喜好、外來文化思想的衝擊與流行思潮的影響，使得此階段的台灣酒類標貼具有多樣、豐富的風格面貌，並可以進一步歸納下列之特色：

(一)、中國色彩沿襲的傳統風格

在傳統的中國民間生活中，具有吉祥象徵的裝飾圖案，往往較易為人們所喜愛，而使用非常普遍；並且，在農業社會中，酒類的飲用常在於農事豐收閒暇之時，或是逢年過節、喜慶宴會及宗教祭祀等重要場合，且通常是處於歡慶、熱鬧、愉悅的氣氛之下。所以日治專賣前的台灣酒類包裝，常喜歡使用具有吉祥、討喜之傳統色彩、圖案作為標貼的裝飾，以吸引消費者的喜愛，增加飲酒的氣氛。此外，由於台灣早期的漢族移民大多來自閩、粵沿海一帶，與大陸具有相同的文化背景，並且其製酒方式皆沿襲大陸傳統舊法，產品的種類、風味與大陸內地類似，所以其產品的包裝也常沿用大陸的傳統形式。而且，此時從大陸進口的酩酒很多，這些產品的標貼設計亦是民間業者參考、模仿的對象（圖3-1）。並且，日治初期，日本對於具有數千年傳統的殖民地居民，為了便於順利統治，對台人原有的風俗習慣，除認為有礙「政治」者外，皆加以保留。由於這種「安撫」之治台政策，使得中國傳統風格在異族統治的環境下尚能保存於民間，並呈現於當時的標貼設計中。所以此階段的台灣酒類標貼，仍大多是以中國傳統風格為其主要的表現形式。

　　日治初期，民間製酒業者對於產品標貼的運用，除延續大陸原有的風格外(圖3-2)，為了滿足市場的需求及一般民眾的喜好，通常會選擇吉祥的視覺符號以作為畫面裝飾與品牌識別，大多希望能透過標貼以傳達其產品具有道地的中國傳統風味，所以此時中國傳統風格的設計，便成為最普遍的表現方式，而其中具有吉祥象徵意義的中國傳統圖案，則是標貼設計時常用的主題圖形。例如台北金佑製酒廠之「三仙玉露酒」(圖3-3)，即是完全模仿當時從大陸輸入的酒類，利用傳統的福、祿、壽三仙作為標貼之主題圖形，以強調其產品的品牌意象，並傳達出「三星高照」之吉祥寓意；大正製酒株式會社之「火酒」(圖 3-4)，則以具有長壽、吉祥象徵之壽翁、壽石作為主題圖形；樹林王謙發製酒店的「老紅酒」及大稻埕興源製酒公司的「五加皮酒」標貼，則分別使用具有「一路連科」及「龍吟虎嘯」等吉祥象徵意義的圖案(圖3-5、3-6)。

　　由於運用一般民間熟悉之吉祥象徵語彙的傳統風格包裝設計，較易獲得消費者的青睞，所以具有福、祿、壽、喜等吉祥寓意之傳統圖案，遂成為當時各商家普遍常用的標貼主題，並有彼此仿效之情形。日本雖然早在1884

3-2：黃鼎美號史國公藥酒標貼 1900年代

3-3：金佑製酒廠三仙玉露 酒標貼　1900年代

3-4：大正製酒會社火酒標貼 1916年

年即有「登錄商標法」及「商標の取締特別法」的發佈實施，但殖民地台灣卻普遍尚未有商標著作權保護的觀念，所以常見有不同廠牌商品的包裝相互模仿，或類似主題標貼同時出現在不同品牌之各種商品上。例如大稻埕興源製酒公司的「五加皮酒」(圖3-7)、嘉義源發製酒公司的「綠豆酒」(圖3-8)、嘉義金義美及洽成造酒公司的「九齡酒」(圖3-9、3-10)、興源製酒公司及玉甘泉商店的「高粱酒」(圖3-11、3-12)、嘉義造酒公司的「白玉酒」(圖3-13)、臺樸製酒株式會社的「參茸酒」(圖3-14)、源發製酒公司的「玉甘露酒」(圖3-15)、陳南城酒類販賣場的「補血藥酒」(圖3-16)、金發興酒造

3-5：王謙發製酒店老紅酒標貼 1912年

3-6：興源製酒公司五加皮酒標貼 1920年代

3-7：興源製酒公司五加皮酒標貼
1910年代

3-8：源發製酒公司綠豆酒標貼 1910年代

商會之「養成老酒」(圖3-17)、嘉義水堀頭製酒公司的「杏仁酒」(圖3-18)
及洽成造酒公司的「芭蕉酒」(圖3-19)等產品標貼,皆同樣利用松、鶴、
靈龜等具有「松鶴長青」或「龜鶴齊齡」等吉祥意義圖像組合而成,以作為
延年益壽之象徵;嘉順興商店及玉甘泉商店的「高粱火酒」標貼(圖3-20、
3-21),則都使用同樣具有長壽寓意的「麻姑獻壽」吉祥圖案;新甘泉的「舊
酒」標貼,卻在傳統松鶴圖案主題中加入「吉祥」象徵的公雞,以作為長壽
吉祥的寓意(圖3-22)。這些傳統風格標貼,不僅主題圖形類似,其畫面構成
亦完全相同,都是受當時日本進口產品影響,抄襲日本標貼(圖3-23)。

3-9:金義美造酒公司九齡
酒標貼 1910年代

3-10:洽成造酒公司九齡酒
標貼 1910年代

3-11:興源製酒公司高粱酒
標貼 1920年代

3-12:玉甘泉商店高粱酒標貼 1920年代

3-13:
嘉義造酒公司
白玉酒標貼
1920年代

3-14:
臺樸製酒會社
參茸酒標貼
1910年代

3-15： 源發製酒公司玉甘露酒標貼
　　　 1910 年代

3-19： 洽成造酒公司芭蕉酒標貼　1910 年代

3-16： 陳南城酒類販賣場補血藥酒
　　　 標貼 1910 年代

3-20：
嘉順興商店
高粱火酒標貼
1920 年代

3-17： 金發興酒造商會養成老酒
　　　 標貼　1910 年代

3-21：
玉甘泉商店
高粱火酒標貼
1920 年代

3-22：
新甘泉舊酒標貼
1910年代

3-18： 水堀頭製酒公司杏仁酒標貼
　　　 1910 年代

3-23：
日本進口白鶴清酒標貼
1915年

此外，具有傳統色彩的視覺符號除了常作為標貼之主題圖形，亦有用於產品之品牌識別及商標者，例如龍津製酒公司(圖3-24)、艋舺的龍泉製酒商會(圖3-25)、東合興酒廠(圖3-26)、茂源商店(圖3-27)、益泉製酒商會(圖3-28)及金發興酒造商會等商家(圖3-29)，皆同樣以「雙龍戲珠」傳統圖案作為產品的商標以及標貼圖案。

當時的傳統標貼，除了有吉祥圖案、紋樣的使用外，藉由傳統色彩如金、紅、黃等高彩度的吉祥顏色之搭配運用，亦可形成強烈的傳統風格，塑造喜慶、歡樂的吉祥意象。例如前述臺樸製酒會社的「參茸酒」及嘉義造酒公司的「白玉酒」，即利用標貼中的紅、金配色以強調歡樂、吉祥之傳統氣氛；玉甘泉及義順興的「火酒」(圖3-30、3-31)，則僅在紅色標貼中印上了黑色的品牌名稱及商品訊息，使其呈現濃厚的中國傳統色彩。

由上述各例分析可知：幾千年來，中國傳統的文化思想，深深地影響了人們的審美嗜好，所以具有趨吉、避凶寓意的傳統圖案、色彩已融於民間生活中並深植不移；並且在日人「安撫」統治政策之特殊環境下，使中國傳統

3-24：龍津製酒公司舊紅酒
　　　標貼　1910年代

3-25：龍泉製酒商會舊酒
　　　標貼　1911年

3-26：東合興酒廠老酒
　　　標貼　1910年代

色彩仍得以繼續使用於日常商品包裝中。此種傳統視覺符號的使用形式，不只出現於酒類標貼設計中，在當時市面上有許多商品，也同樣喜愛作傳統風格的包裝，以中國傳統圖案、紋樣作為設計的主題或畫面的裝飾，例如在蔡合春商店及林同美商店的蜜餞、糕餅包裝上，皆使用了中國傳統民間故事插圖，作為畫面的裝飾及品牌之識別（圖3-32、3-33）。

3-27：茂源商店舊酒標貼 1910年代

3-28：益泉製酒商會紅酒標貼 1920年代

3-29：金發興酒造商會舊酒標貼 1910年代

3-30：
玉甘泉商店火酒標貼
1910年代

3-32：蔡合春商店的蜜餞包裝 1920年代

3-31：
義順興商店
火酒標貼
1910年代

3-33：
林同美商店
的糕餅包裝
1920年代

(二)、殖民文化影響的嶄新面貌

在日人殖民統治的社會環境下,大量外來的日本文化不僅對台灣的民間生活產生了明顯影響,並且因統治者的角色扮演,而使其逐漸躍為主流文化;此外,隨著日本移民的增多,日本商品也應日人之需求而充斥於台灣,並成為市面上之新寵。當時為了供應日人飲用需要而進口的日本酒類,在市場上更成了取代傳統酩酒之高級品,這些產品的包裝形式與標貼設計,則是民間製酒業者模仿的對象,希望藉著這種外來不同風格的運用,以突顯其產品之價值感,並吸引消費者的喜愛。其次,日治進入安定階段之後,統治當局即採取「同化政策」籠絡台人,以便於完全統治台灣,於是轉「安撫」為「同化」,大談「一視同仁」、「內台一如」,並明文管制舊有生活習慣,希望改造台灣為真正適合日本人的殖民地方,因而更加有系統地引進日式生活文化,以改變台灣民眾的傳統思想觀念。所以當時台灣酒類包裝之標貼設計,在這種特殊殖民環境與日本產品的影響下,而有不同於以往的嶄新風貌出現。

受到日人生活文化與飲酒習性的影響,不僅逐漸有商家釀製各種日本酒類,其包裝也直接仿效日本進口產品的包裝;甚至有些台灣民間熟悉的傳統酒類,也會模仿日本商品的標貼,作完全日本風格、形式的設計表現。例如,大正製酒株式會社、臺樸製酒株式會社及首藤合名商會生產的「蘭丸」、「茶丸」、「旭苗」、「有薰」清酒(圖3-34、3-35、3-36),以及義順興的「保命養血酒」(圖3-37)、台灣製酒株式會社的「黃菊」清酒(圖3-38)等日本酒類,便是作日本色彩的標貼設計;甚至一些台灣傳統酒類如臺

3-34：大正製酒會社茶丸清酒標貼 1916年

3-37：義順興商店保命養血酒標貼 1910年代

3-35：
臺樸製酒會社旭苗清
酒標貼 1910年代

3-36：
首藤合名商會有薰清酒
標貼 1910年代

3-38：台灣製酒會社黃菊清酒標貼 1910年代

3-39：源濟堂舊紅酒標貼 1916年

3-40：
三宅合名商會
紅齡酒標貼
1910年代

3-41：茂源商店綠豆酒標貼
1910年代

3-42：茂源商店烏豆酒標貼
1910年代

3-43：赤司酒造場綠豆酒標貼
1910年代

北源濟堂之「舊紅酒」(圖3-39)、三宅合名商會的「紅齡酒」(圖3-40)、茂源
商店的「綠豆酒」與「烏豆酒」(圖3-41、3-42)、赤司酒造場的「綠豆酒」
(圖3-43)、葫蘆墩陳東美商店的「烏豆酒」(圖3-44)等產品之標貼,也
完全模仿日本產品作日本風格的設計。尤其三宅合名商會的「紅齡酒」,更
是完全抄襲當時日本進口的「若翠清酒」標貼,作相同的設計樣式(圖3-
45);其次,葫蘆墩陳東美商店的「烏豆酒」標貼中利用旭日旗與皇冠等視
覺圖像的組合方式,則是一種明顯受到日本軍國主義影響之設計。當時這種
日本風格的商品包裝,除了在標貼設計中大量使用與日本相關的視覺語彙
外,標貼的規格、形式與貼附方式也常模仿日本酒類,例如當時許多酒類的
肩貼,即喜愛作日本傳統扇子造形設計(圖3-46、3-47)。甚至如上述以
中國傳統圖案為主題的標貼設計,其實也受到了日本商品的影響,畫面構成
幾乎都是模仿日本清酒的樣式。

3-44:陳東美商店烏豆酒標貼 1910年代

3-45:日本若翠清酒廣告 1923年

3-46：源濟堂舊紅酒肩貼 1916年

3-47：三宅合名商會紅齡酒肩貼 1920年代

　　受日本文化影響，具有日本傳統精神象徵或日人普遍喜愛的裝飾圖像，如櫻花、旭日、白鶴、松樹、菊花、鳳凰等圖像符號，也時常出現於台灣的酒類標貼設計中。由於這種日本圖案有些也能符合台灣民間的傳統祥瑞象徵，因而更是大量地運用於傳統酒類標貼中，例如常見於日本輸入清酒標貼中的松、鶴圖案，即時常被台灣商家所模仿，而普遍使用於各種傳統酒類標貼中。其中具有日本皇家象徵的菊花、鳳凰圖案，也常被民間視為吉祥裝飾主題，而運用於當時的標貼設計中，如台灣製酒株式會社的「黃菊」老酒、葫蘆墩川記商店的「福加堂酒」(圖3-48)、鶯石酒造場的「台灣上等老紅酒」(圖3-49)、大發酒廠的「花雕酒」(圖3-50)。尤其日本傳統大和精神象徵的旭日圖案，更是成為當時普遍流行的設計主題，例如臺樸製酒株式會社的「旭苗清酒」，以及三宅合名商會的「紅齡酒」、「櫻露清酒」(圖3-51)，皆是作旭日圖形的標貼設計。

3-51：
三宅合名商會
櫻露清酒標貼
1910年代

3-48：
川記商店福
加堂酒標貼
1900年代

3-49：
鶯石酒造場
台灣上等老
紅酒標貼
1910年代

3-50：大發酒廠花雕酒標貼 1910年代

51

其次，在日本的早期傳統社會裡，每一姓氏皆有他們的代表紋樣，稱為「家紋」或「家徽」，當時的商家為了保證其商品品質，建立信譽，於是把家紋標示於商品包裝上以昭公信，而逐漸演變成品牌識別之商標。日治之後，日人使用商標的習性，也影響了台灣的一般商家，所以民間製酒業者亦逐漸有商標使用之觀念，並將其印製於標貼上。所以在當時環境下，為了追求時髦迎合市場需求，具有濃厚殖民色彩的日本傳統圖案、貴族家紋，也是本土廠商於標貼設計時所模仿運用的對象。例如源泉造酒公司的「參茸長壽酒」(圖3-52)、茂源商店的「琉球泡盛燒酎」(圖3-53)、葉記商店的「諸羅一膏粱」（圖3-54）、川記商店的「糯米酒」（圖3-55）、玉甘泉商店的「延齡酒」（圖3-56）、義順興商店的「參茸藥酒」（圖3-57）、宜蘭製酒株式會社的「老紅酒」(圖3-58)、興源製酒公司的「老紅酒」與「萬應酒」(圖3-59、3-60）及布袋嘴製酒公司的「旭苗」清酒(圖3-61)等產品的標貼，都同樣以稻穗相交重疊造形之日本傳統家徽紋飾作為畫面的主要構圖。甚至當時許多標貼中的商標、字體及裝飾邊框、紋樣等，有的亦受到日本風格之影響，如

3-52：源泉造酒公司參茸長
壽酒標貼　1920年代

3-53：茂源商店琉球泡盛燒
酎標貼　1920年代

3-54：葉記商店的諸羅一膏粱
標貼　1910年代

3-55：川記商店糯米酒標貼　1900年代

3-56：玉甘泉商店延齡酒標貼　1910年代

3-58：宜蘭製酒會社老紅酒標貼　1910年代

3-57：義順興參茸藥酒標貼　1920年代

3-60：興源製酒公司萬應酒標貼　1910年代

3-59：興源製酒老紅酒標貼　1910年代

3-62：
源濟堂的酒類封證
1910年代

3-61：布袋嘴製酒公司旭苗清酒標貼
1910年代

53

樹林龍津製酒公司的「井桁」形商標(圖3-24)、源泉造酒公司的「一つ山形」商標(圖3-52)、水堀頭製酒公司的「入り山形」(圖3-18),以及源濟堂的「子持ち龜甲形」商標之設計(圖3-62),皆是利用日本傳統家紋與廠商名號加以結合而成的。此外,有的廠商更將日本傳統商店標記圖案加以改變,以成為具有台灣特色之商標,例如宜蘭製酒株式會社的商標,即是利用對稱的蘭花包圍中間日本傳統丸型的「宜」字,以代表「宜蘭」之商號名稱(圖3-58)。

　　由上述分析可知,在文化融合的過程中,殖民政權的強勢文化,常為弱勢的被殖民文化所模仿、吸收,而躍為主流文化,並影響著被殖民文化的發展。日治之後的民間製酒業者,為了突顯其產品的優越性及因應市場之需求,便藉助殖民文化的風格、形式,以作為其設計之參考,而表現於酒類標貼中。這種殖民的強勢日本色彩,甚至影響了市面上所有商品,而蔚為時代的潮流,例如當時台灣的醬油業者,亦與釀酒廠商一樣,為因應消費者的喜愛,及表現其產品的高級感,所以大多模仿日本醬油包裝,在標貼中採用日本風格的設計(圖3-63 、3-64)。

3-63:南珍公司的醬油標貼　1910年代

3-64:和美商店的醬油標貼　1900年代

(三)、外來進口商品影響的西方樣式

在近代歷史發展過程中，西洋文明藉著工業、科技發展及軍事強權的帝國主義，而成為一種強勢的主流文化。日本自從明治維新(1868)之後，即有計畫地大量學習西洋現代文明以提升國力，由於與西方文化的密集接觸，所以日本國內許多商品包裝紛紛模仿歐美的樣式，並且也間接影響了台灣的商品包裝設計。日治之後西方文明也跟隨日人而逐漸進入台灣，西洋舶來品在人們心目中往往是進步、現代的象徵及優良品質的代表，所以當時從歐美進口的洋酒便成為市面上的高級品，但數量不多、價格高昂，通常是在台洋人、殖民統治者以及高官顯貴所獨享的。當時有些台灣製酒廠商，為了因應市場需求，亦開始生產部分西洋酒類，甚至為了提升其產品的形象，便刻意模仿外國產品的包裝，並且也在其它各種酒類的標貼上大量運用一些西方文明象徵的洋文或西洋裝飾圖案等濃厚西方色彩的視覺符號，以強調其商品具有與進口洋酒一般的品質。

當時台灣廠商所生產的水果酒或洋酒，通常多是模仿外國產品的包裝或日本所生產洋酒的樣式，例如當時的「葡萄露酒」、「養血酒」、「KIUFIN YAKUSHIU」等葡萄酒標貼，即是仿效進口葡萄酒的包裝，分別利用洋文、天使及成串的葡萄作為畫面的裝飾，或直接抄襲歐美葡萄酒的農莊城堡圖形，作典型的西洋風格設計(圖3-65、3-66、3-67)；協泉興商店生產的「ROBT」酒，則是模仿洋酒包裝，以「BEAR AND DOLL」為其產品的註冊商標(圖3-68)，甚至當時還出現了台灣罕見的「MOISHOKKI」三角形標貼(圖3-69)。當時日本許多作西方樣式的啤酒標貼，也間接影響了台灣產品，例如台灣生產的「星印葡萄露」(圖3-70)，便是抄襲當時日本「札

3-65： 葡萄露標貼
1900 年代

3-66：養血酒標貼　1910 年代

3-68： 協泉興商店 ROBT
標貼　1910 年代

3-67： KIUFIN YAKUSHIU 葡萄
酒標貼　1910 年代

3-72： 高砂啤酒廠高砂啤
酒標貼　1920 年

3-69： MOISHOKKI 標貼
1920 年代

3-70：星印葡萄露標貼　1920 年代

3-74： 陳東美商店最上紅
酒標貼　1910 年代

3-71：日本札幌啤酒標貼　1920 年代

3-73： 日本進口啤酒標貼
1920 年

3-75： 花豹牌米酒標貼
1910 年代

幌啤酒」之圓形文字排列的標貼樣式(圖
3-71)；「高砂啤酒」的橢圓形標貼(圖3-
72)，也是模仿當時日本內地流行的啤酒
樣式(圖3-73)。

　　由於受到外國產品的影響，甚至傳統
酒類為了突顯其具有如舶來品一般的品質
形象，有些還刻意模仿洋酒樣式的標貼設
計，例如陳東美商店的「最上紅酒」，係
利用西方的紳士人物、裝飾圖案及大量的
洋文，以作為傳統紅酒之標貼設計(圖3-

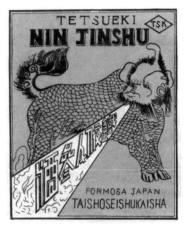

3-76：鐵液人參酒標貼　1910年代

74)；就連一般民眾熟悉的米酒，也出現了如「花豹牌米酒」的西洋風格設
計，其標貼則模仿當時外國魚肝油之漁夫商標造形，作日本人物背著花豹之
圖案(圖3-75)。除了這種完全洋酒樣式的標貼設計外，有些則是抄襲洋酒標
貼的構圖形式作中西混合之設計表現，例如「鐵液人參酒」的標貼，便是利
用洋酒標貼的構圖方式，將中國傳統「麟吐玉書」吉祥圖案與洋文作大膽結
合之特殊設計(圖3-76)。

　　綜觀當時這種西洋形式的設計表現，除了有少數是作完全洋酒樣式外，
大多僅是片斷的抄襲運用西洋裝飾圖案、洋文或標貼之外形，以突顯其產品
具有如洋酒一般的高級感，而尚未能吸取當時西洋設計菁華，成熟地表現出
現代設計之風格。例如利用在標貼中印上洋文，以追求時髦，增加商品的價
值，遂成為當時普遍流行的設計表現方式，所以在各種酒類標貼中常見有中
英文的品名對照，完全以洋文標示的設計。

(四)、多元文化雜陳的混合樣貌

　　台灣在日治之後，由於處於殖民地的環境，而接觸了大量由日人統治者帶來的殖民文化與間接輸入的西方文明，使得傳統的民間生活有了明顯改變。對台灣民眾而言，日益充斥的日貨與新穎的西方進口商品，具有特殊的魅力，並逐漸成為市場的新寵。這些外來商品的包裝形式與設計風格，也由於本土廠商的模仿、學習，而快速地傳播與流行。所以，當時台灣的酒類包裝也在此種外來商品與文化之刺激、影響下，而呈現了形式、風格多樣的豐富面貌。其標貼除了具有前述傳統色彩延續、日本殖民文化影響及西洋進口產品模仿等特色外，就整體而言，其實最為明顯的設計風格，應該是一種多元文化雜陳的混合樣貌。

　　由於受到外來商品文化的影響，一般商家為了滿足消費者需求，因而常透過帶有日本或西方色彩的包裝設計，以提升其產品的品質形象，所以當時台灣的酒類標貼，常見有外來設計樣式的運用。有些標貼會抄襲日本的清酒

3-77：日本傳統清酒標貼　1900 年代

3-78：宜蘭製酒會社高粱酒標貼　1910 年代

3-79：宜蘭製酒會社的肩貼　1910 年代

標貼，模仿其構圖形式、裝飾圖案，或將日本風格的視覺元素融合於一般民眾熟悉的傳統設計中，而形成中日文化混合面貌。例如宜蘭製酒株式會社的「高粱」及「火酒」之胴貼部份，即明顯抄襲日本清酒的標貼（圖3-77），利用日本傳統圖案及中國吉祥圖案作活潑的拼貼式畫面構成（圖3-78），但其肩貼卻利用書卷造形，作「雙鶴祥雲」之吉祥圖像（圖3-79），而呈現出中日混合之設計風貌；至於布袋嘴製酒公司的「美人酒」（圖3-80）、「芎蕉美酒」（圖3-81）及義順興商店的「荔芝紅酒」（圖3-82）等本土傳統酒類，也是在其標貼中融合了中國傳統裝飾元素、產品製造來源的說明圖形以及日本傳統精神象徵的櫻花圖案，並利用當時日本流行的拼貼式構圖，使其設計呈現出活潑有趣之視覺效果。

此外，透過對於進口商品的模仿、學習，以及經由日人間接引進西方文化中有關當時藝術、設計的流行，也明顯影響了台灣的酒類標貼，因而出現了完全仿照洋酒的設計，或中、外混合的文化雜陳樣貌。例如19世紀西方盛行的「維多利亞」(Victorian)風格，以及當時歐美流行的「新藝術」(Art Nouveau)、「裝飾藝術」(Art Deco)及「立體主義」(Cubism)等藝術風格，

3-80：布袋嘴製酒公司美人酒標貼 1900年代

3-81：布袋嘴製酒公司芎蕉酒標貼 1900年代

3-82：義順興商店荔芝紅酒標貼 1910年代

也經由日本而多少影響了台灣的廣告、包裝等美術設計。當時有許多標貼，常會在畫面中出現花紋、勳章、或具有陰影、厚度字體的典型維多利亞風格設計，如陳東美商店的「烏豆酒」標貼(圖3-44)，畫面中的國旗、皇冠、盾牌，以及手指圖案的組合，即具有濃厚的維多利亞色彩；然而，有的則像「高粱」、「火酒」、「美人酒」、「芎蕉美酒」、「荔芝紅酒」等產品標貼，受到當時歐洲立體主義繪畫影響，作拼貼（Collage）式的畫面構成。

由於日本大量吸收西方現代文明，所以西方各種現代藝術潮流也傳到了日本國內，並影響了當時的商業美術設計；而且，早期設計行業並未獨立，有關視覺美化的各種設計相關工作常為畫家所兼任，所以畫家的藝術觀與時代流行常會無形中呈現於商業設計作品中。例如在當時日本的廣告、海報、商品標貼等設計作品中，即時常可以發現立體主義的拼貼式構圖畫面（圖3-83），台灣因間接經由日本而接觸到西方的藝術文化，所以立體主義的構圖形式，亦輾轉影響了當時台灣的酒類標貼設計，並融合台灣的傳統色彩、日本視覺符號成為風格雜陳的特殊樣貌。

其次，20世紀初期流行於歐洲的「新藝術」裝飾風格，亦經由日本而傳遞到台灣，其彎曲、嬌柔且具浪漫色彩的對稱花邊圖案裝飾，也出現於日治初期台灣的商品包裝設計中，並成為酒類

3-83：資生堂化妝品廣告
1920年代

標貼常用之裝飾紋樣。例如，宜蘭製酒株式會社、樹林王謙發製酒店、龍津製酒公司等廠商的酒類肩貼設計，即是融合中國花鳥圖案、日本傳統紋樣成為彎曲的藤蔓造形裝飾，而形成了風格特殊之「新藝術」標貼設計（圖3-84、3-85、3-86、3-87）。

3-84：台灣製酒會社的肩貼　1920年代

3-86：王謙發製酒店的肩貼　1912年

3-85：王謙發製酒店的肩貼　1912年

3-87：龍津製酒公司的肩貼　1910年代

　　綜合上述所分析之各項特徵，可見日治專賣前台灣酒類包裝之標貼設計，在特殊的殖民社會環境下，由於中國傳統文化的承襲與外來殖民文化的衝擊，而呈現出風格多樣的面貌。有完全保有傳統風格者、有全部接收日本形式者、亦有少數表現西洋風貌的，但大部份則是追隨著時代流行，作多元文化雜陳的折衷組合樣式。畢竟站在商品行銷的立場，唯有跟隨著社會、文化脈動及時代、潮流發展的設計風格，才是最能迎合社會大眾喜好，滿足消費者所需。並且在強勢的殖民文化刺激下，台灣民眾已逐漸習於日本風格的商品，台灣的製酒廠商在因應大眾消費趨勢之市場考量下，不只在產品類型上作新的變化，如增加清酒、泡盛、味淋等日本傳統酒類，以及葡萄酒、洋

酒、啤酒等產品的生產，在標貼設計上亦大量使用具有日本風格的視覺符號，或模仿進口洋酒的裝飾、文字與構圖形式，以提升其商品的形象，促進產品的銷售。

　　如從標貼的形式、功能分析，則可以發現：當時由於眾多廠家的釀造生產，產品品牌眾多，各種酒類的標貼並沒有固定的表現形式，但各家產品常有相互抄襲、仿效之情形。傳統酒類的標貼，大多是利用一般民眾熟悉的形式化圖案作為畫面之主題，較少有透過標貼設計以表現出產品的類型特色，

3-88：芎蕉酒標貼　1910 年代

3-90：布袋嘴製酒公司桂花酒標貼
　　　1900 年代

3-89：義順興商店桂花酒標貼　1910 年代

3-91：宜蘭製酒會社「火酒」標貼　1910 年代

而僅利用這些圖案以作為包裝外觀的視覺美化與吉祥象徵。例如有許多不同廠牌、類型的酒類標貼，其畫面皆同樣利用具有「延年益壽」象徵意義的傳統吉祥圖像，而無法透過設計以適切區別出其不同的產品及品牌類型。其中僅有部份利用標貼中稻穗相交重疊的日本傳統紋飾，以說明其為米糧釀造酒；或利用葡萄圖形，以標示葡萄酒產品；以及像布袋嘴製酒公司的「芎蕉美酒」、「芎蕉酒」，利用標貼中的香蕉樹圖形以傳達其品牌、內容（圖3-88）；義順興及布袋嘴製酒公司的「桂花酒」，以盛開的桂花作標貼的主題圖形，說明其產品的釀造來源與品牌名稱（圖3-89、3-90）。此外，不僅各家商品的標貼會相互模仿，有時同一家廠商的各種酒類，也會使用相同款式的標貼設計，以加強消費者的品牌印象。

若就標貼的構成元素而言，其內容大致包括了品牌、品名、商標、製造廠商的名稱及地址、主題圖形、邊框裝飾圖案等，由於各類產品之市場競爭，所以大多是希望藉由標貼以強調出製造者商號與品牌特色，而未能利用標貼以發揮產品類型區別與產品訊息傳達之功能。此外，有些標貼更出現了說明其品質優良之廣告性文案作為商品宣傳以達到促銷之效果（圖3-91）。此階段標貼中之主題圖形，大多以詮釋品牌、品名之形式化的象徵圖案為主，其風格除了中國傳統與台灣本土外，並兼有日本及西洋形式之組合運用。有關標貼色彩的運用，則隨著形式、風格而不同，一般作中國傳統風格者，多使用金色、紅色、黃色等高彩度的傳統吉祥顏色；若作日本風格者，通常以日本傳統色系為主，利用彩度較低的灰青、綠青搭配黃、紅等成熟的色彩，呈現出典雅的視覺效果；作西洋風格者，則常直接抄襲洋酒的標貼形式，不管圖形、色彩皆與洋酒相類似。

肆、日治專賣時期的酒類標貼設計

1922-1945

一、日治專賣時期的產品類型

對於酒的選擇，因個人口味不同而有所差異，所以其品種不能過於單一化，但種類過多時，製銷上亦有所不便，消費時更選擇困難。專賣之前，市面上的酒類品牌有三十多種，專賣之後，為適應需要及改善品質，乃精簡為十幾種銷售量較大的酒類。如前述「專賣局工場設置沿革表」中各工廠所生產之酒類，依其製造方式可分為三類：(一)、釀造酒─主要為清酒，共有凱旋、瑞光、福祿及萬壽等四種品牌。(二)、蒸餾酒─以米酒為主，其次為糖蜜酒、燒酎、泡盛酒等。(三)、再製酒─以紅酒為主，有黃雞與金雞兩種之分；其次為藥酒，計有五加皮酒、玫瑰露酒及虎骨酒等。

這些產品除了供應島內市場需求外，也有些輸出至中國、東南亞各地及日本國內，以拓展外銷市場，並作為日人在台灣殖民成果之宣傳。外銷產品以老紅酒、五加皮酒、米酒、糯米酒等具有本土特色的傳統酒類為主。當時台灣的酒類需求量大，加以消費者的喜好不同，所以市面上販售的產品除了專賣局自行釀造外，並有許多是從日本內地、中國大陸及歐美地區進口，進口產品以從日本輸入的啤酒、清酒最多，其餘為中國大陸進口的紹興酒、五加皮酒、玫瑰露酒以及歐美進口的少量洋酒。但是自1931年「九一八事變」以後，基於政治因素考量，日本當局即禁止所有中國傳統酒類及洋酒的進口。

此階段專賣局生產販售的酒類很多，除延續專賣前的中國傳統及台灣本土風味產品外，更有為供應日人需求的日本酒類、受外國產品影響的洋酒及

65

啤酒、具有特殊效果的藥用酒類，以及作為政令宣達用途的紀念酒類。每種產品皆各具特色，而其標貼設計也各有風格，以下即依產品之類型，逐一分析各種酒類標貼之形式、風格發展。

(一)、日本酒類

隨著日人的到來，日本傳統的生活文化與飲食習慣也引進了台灣。為供應日益增多在台日人之飲用需要，於是各種日本酒類紛紛出現在市面上，除依靠自日本國內進口外，專賣之前並有少數廠家釀造，專賣後則大多由專賣局負責生產。當時生產的日本酒類包括有清酒、泡盛、味淋、燒酎及黑酒、白酒等各種產品。

●清酒

日治之後，清酒在台灣民間已逐漸成為取代以往傳統大陸酩酒的高級酒類，係日人統治者日常重要的飲用佳釀，並且也是酒類專賣之後統治當局所優先發展的產品。當時清酒

4-1：瑞光清酒廣告
1930年

4-2：凱旋清酒廣告
1938年

的包裝形式完全仿照日本產品(圖4-1、4-2)，但品牌卻可分為兩種類型：一是具有日本色彩及軍國主義精神的「瑞光」、「凱旋」；另一則是迎合台灣民間傳統喜好，且具有喜慶、歡樂等吉祥意義的「福祿」、「萬壽」。這些清酒的品牌，不僅風味不同，其標貼亦呈現了特殊的設計意趣。

4-3：瑞光清酒標貼 1930年　　　4-4：瑞光清酒標貼 1935年　　　4-5：瑞光清酒標貼 1938年

　　「瑞光清酒」的標貼，有三種不同樣
式的設計，初期在淺黃色背景上有口啣
稻穗的金色翔鳳伴隨著白色旭日、祥雲
以作為「瑞光」之吉祥象徵（ 圖4-3）；而
後則在淺藍色底作灰色祥雲的畫面分
割，並配上菱花型的旭日圖案，整體風
格具有簡潔的現代感(圖4-4)；到日治晚

4-6：凱旋清酒標貼 1938年

期，則以鳳凰迎接初昇旭日光芒的圖形，以象徵日本在台殖民統治的光輝
(圖4-5)。在日治末期戰爭環境下所生產的「凱旋」清酒，其標貼設計則更
利用旭日與燦開的櫻花作為畫面之主題圖型，以象徵英勇日軍在戰場上凱旋
奏捷的大和精神(圖4-6)。

　　清酒除了供應在台日人飲用外，台灣的民眾也漸漸習於其風味，而成為
其廣大的銷售對象。為了迎合眾多消費者的喜好，此時清酒亦作具有中國傳
統吉祥意義的「福祿」、「萬壽」等品牌，以供市場需要。這些產品的標貼
式樣，有的是以一般民眾熟悉的中國傳統吉祥圖案為主題，有的則利用日本
傳統紋飾、圖像以詮釋這種吉祥意義。所以在設計風格上，有作中國傳統形
式、日本傳統色彩、以及兩者混合的表現，有的甚至還受到當時歐美設計流
行所影響。

　　專賣初期的「福祿清酒」標貼，是作完全日本樣式的設計，利用日本傳
統女性象徵的粉紅色石竹花與說明產品釀造特色的稻穗當背景圖案，以襯托
出圓形的品牌文字及專賣局的標誌(圖4-7)。但此種款式的標貼在市場上反
應不佳，遂於1926年改以完全中國傳統風格的設計，以民間傳統喜好的金

黃色及壽翁、鹿、松石等具有「福祿」象徵意義的圖像，作為畫面之主題
(圖4-8)。此種中國傳統色彩的標貼，使用不久即於1930年改以中日風格融
合的設計，利用中國傳統吉祥器物為底紋，並以日本清酒標貼常見的拼貼式
構圖組合「福祿」品牌文字與專賣局標誌，雖然仍具有中國傳統色彩，但在
畫面構成及用色上則已融合了日本風格(圖4-9)。1939年使用的標貼，雖然
修改為傳統扇形的品牌文字外框，但仍延續中日融合的設計風格(圖4-10)。

4-7：福祿清酒標貼　1923年

4-8：福祿清酒標貼　1926年

4-10：福祿清酒標貼　1939年

4-9：福祿清酒標貼　1930年

「萬壽清酒」的標貼，有三種不同形式的設計，1922年開始生產時的標貼，是以旭日、祥雲為主題的日本風格設計(圖4-11)；三年後則改為較簡潔的樣式，融合日本傳統竹節紋飾於具現代感之造形設計中(圖4-12)；1929年使用的標貼，則改以日本風格的松、鶴圖案及龜甲造形之品牌，以作為「萬壽」意義之象徵，呈現了日本色彩濃厚的典型日本清酒標貼設計樣式(圖4-13)。

4-11：萬壽清酒標貼 1922年

4-13：萬壽清酒標貼 1929年

4-12：萬壽清酒標貼 1925年

●泡盛

泡盛酒為琉球之特產，日治初期由日人傳入台灣，係米糧釀造之日本傳統酒類，除可直接飲用外，並可作為製造藥酒之原料。1922年專賣局生產的「泡盛酒第壹號」，其標貼設計是以淺綠色的底配上石竹花圖案作為背景，以襯托中間圓形的品牌及專賣局標誌，圖案及色彩皆具明顯的日本風格

(圖4-14)。 1924年生產的「泡盛酒第貳號」，其標貼則改為圖案式的稻穗圖形，透過簡潔的構圖與明亮的色彩呈現出具現代感的風格，並依容量大小分別有不同底色的設計變化(圖4-15 、 4-16)。

4-16：泡盛酒第貳號標貼
1924 年

4-15：泡盛酒第貳號標貼
1924 年

4-14：泡盛酒標貼　1922 年

4-18：燒酎罈裝標貼　1929 年

4-19：燒酎標貼
1929 年

4-17：燒酎標貼　1922 年

4-20：
蓬萊味淋標貼
1929 年

●燒酎

「燒酎」為日本傳統的米糧蒸餾酒，專賣初期作橢圓形標貼設計，外框以對稱的綠色稻穗圖案，配上中間橢圓形黃色底的品牌名稱及專賣局標誌，為典型的日本樣式(圖4-17)。 1929年則延續原來的風格，而將簡化的橢圓形標貼，並置於長方形之紅底背景中 (圖4-18)；同時並生產較精醇的燒酎，以不同的標貼設計作產品區別，在黑色的長方形背景，配上橢圓形的高彩度黃色，並利用圖案化的白色稻穗，呈現出簡潔的現代設計風格(圖4-19)。

●味淋

味淋是一種利用糯米和砂糖釀製而成的甜酒，為日本傳統的料酒，一般日人家庭烹飪常作為廚房佐料之酒類。當時「蓬萊味淋」的標貼，是以淺黃色的底及金色的圖案化稻穗裝飾，襯托方形內部的雲朵及橢圓形「蓬萊仙島」圖案，以強調出「蓬萊」之品牌意象，為典型的日本風格設計(圖4-20)。

●白酒與黑酒

「白酒」及「黑酒」亦是一般日人時常飲用的米糧蒸餾酒，白酒的初期標貼設計，受當時西洋流行的現代設計影響，融合日本傳統的織綿圖案與顏色，呈現出具有日本色彩的簡潔設計風格(圖4-21)；黑酒標貼則以日本皇室象徵

4-21：白酒標貼 1923年

71

的金色圖案式翔鳳及菊花作為畫面裝飾，具濃厚的日本傳統風格(圖4-22)。1928年為慶賀天皇登基所生產之紀念用白酒的標貼，則與當時黑酒作相同之圖案設計，但利用銀色印刷以作為產品之區別(圖4-23)。

4-22：黑酒罈裝標貼　1923年　　　　　4-23：白酒罈裝標貼　1928年

(二)、中國及台灣本土傳統酒類

　　台灣早期的民間用酒，除了部份從大陸進口之外，大多是自行釀造生產，所以其類型除了延續大陸傳統風味外，有些並利用台灣特有之物產，以釀造出如米酒、糯米酒、糖蜜酒等具有本土特色的酒類。日治時期，除了日人統治者及少數追求時尚之士外，大部分消費者還是習慣於舊有的傳統風味；並且，酒的主要銷售對象是為數眾多的本島居民，所以專賣之後，除了日人喜愛的清酒外，傳統酒類仍是當時主要的生產大宗。此時的傳統酒類除了初期尚有部份從大陸進口外，至1931年禁止酒類進口之後，則全面由專賣局自行生產，但其產品種類仍延續傳統的風味，包裝形式則大致以本島消費大眾的喜好為訴求。因此，為達到銷售的目的，以及作為產品類型的區別，其標貼設計除部份由於政治因素考量，而作日本色彩外，大多是具有濃

厚的本土傳統風格，或沿襲傳統酒類之意象，以取得消費者的喜愛、認同。

　　當時專賣局生產的傳統酒類，包括了一般飲用的高粱酒、紹興酒、紅酒、米酒、糯米酒、糖蜜酒，以及藥用酒類之五加皮酒、虎骨酒、玫瑰露酒等產品，各類酒的標貼設計，隨著時代的發展，各階段都有其不同的風格變化。

1.一般飲用酒

●高粱酒

　　高粱酒原為中國華北的傳統酩酒，由於台灣高粱種植較少，所以專賣時期高粱酒產量不多，初期皆由大陸進口，再加以包裝出售。當時的高粱酒標貼係受到進口啤酒的包裝影響，作橢圓形的設計，其文字編排、圖案造形及色彩計劃等皆表現出當時流行的風格。這種西洋形式的標貼設計，雖能藉以呈現其產品的高級感，但卻無法表現高粱酒之傳統特色(圖4-24)。

4-24：高粱酒標貼 1923年

●紹興酒

　　紹興酒為中國歷代聞名之江南名酒，原產於浙江省紹興府，是台灣早期移民所喜愛之傳統酒類。日治專賣之後，除部份由大陸進口外，專賣局也釀造生產，其標貼作中國傳統風格的設計，金黃色底印上金色的騰龍、祥雲及

4-25：紹興酒標貼　1929 年

傳統圖案邊框裝飾，配以隸書之「紹興酒」品牌，與小篆之製造者「臺灣專賣局」及「芳香醇味」之宣傳文案，更顯得傳統色彩十足(圖4-25)。

●紅酒

　　紅酒於清季隨移民從福建安溪傳入後，即成為具有特色的台灣傳統酒類，因其以糯米釀造，營養滋補，為一般民間所喜愛之「長命酒」，由於酒色暗紅，所以通稱為紅酒、紅添酒或紅露酒；釀造之後貯藏長久者，風味更香醇且色澤更深，民間素稱之為老紅酒、老酒或舊酒。專賣局為供應眾多消費者之需要，各階段生產的紅酒有不同的品牌、包裝，除了大容量樽裝(桶裝)的「紅添酒」標貼，僅以簡單的文字印刷外(圖4-26)，初期的標貼大多作日本風格設計，例如1922年推出的「老紅酒第壹號、第貳號」，其標貼作紅、綠對比配色，以石竹花與稻穗為底紋，中間並以日本傳統的波浪紋飾配上圓形的專賣局標誌，呈現傳統的日本風格樣式(圖4-27)；第二年生產的「紅梅紅酒」，利用圓形標貼中的喜鵲、紅梅為主題，具有傳統民間「喜上眉梢」之吉祥、喜氣象徵，並藉以強調其品牌印象，但其用色及圖案造形卻受到日本產品影響，而呈現中日風格融合的設計(圖4-28)；1925年生產的「老紅酒第參號」，其標貼為台灣民間常見的雞鳴破曉主題，以傳統的紅色與金色搭配，畫面中的旭日光芒圖形，具有日本軍國主義精神象徵(圖4-29)；此產品雖於1930年更改名稱為「金雞老紅酒」，但其標貼仍延續原有的設計，僅作小部分變化(圖4-30)。 1928年生產的「老紅酒第貳號」，其標貼設計雖以民間喜愛的紅、黃、金傳統色彩搭配公雞圖形，但邊框卻作日

4-26：紅酒樽裝標貼
1923 年

4-27：老紅酒標貼　1922 年

4-28：紅梅紅酒標貼　1923 年

4-30：金雞老紅酒標貼
1930 年

4-31：特製老紅酒第貳號標貼
1928 年

4-29：老紅酒第參號標貼　1925 年

4-32：
黃雞老紅酒標貼
1930 年

4-33：金雞老紅酒標貼
1935 年

本色彩的石竹花圖案(圖4-31);此產品也於1930年更改名稱為「黃雞老紅酒」,標貼亦延續原來樣式,只有背景的局部改變(圖4-32)。專賣初期這種以日本色彩替代傳統風格的設計,由於無法表現傳統酒類的意象,所以在市面上反應不佳,於是逐漸改為一般民眾熟悉且具本土及傳統色彩的設計,因而1935年推出的「金雞老紅酒」,便利用金色的傳統圖案外框、紅色底以及金色的公雞、祥雲圖案,表現出熱鬧、喜氣的濃厚中國傳統色彩(圖4-33)。

● 米酒

米酒是台灣民間生活中最為廉價且普遍的本土酒類,為專賣期間銷售量最大的產品。專賣初期的米酒除了零售用的大容量樽裝外,通常是小容量的玻璃瓶裝(圖4-34),早期樽裝的標貼設計較為簡單,只有專賣局的商標與文字說明(圖4-35),1930年以後則改為搭配稻穗圖案之較活潑設計

4-34:銀標米酒廣告 1937年

(圖4-36);玻璃瓶裝的標貼,最初是以日本風格的設計為主(圖4-37),但使用不久即為了因應市場需求而改為一般民眾熟悉且具有本土色彩的設計,利用圖案式的稻穗及紅、黃配色,呈現出米酒物美價廉與台灣傳統之特色(圖4-38)。晚期的米酒有「金標」、「銀標」及「特製銀標」等品牌,「金標」米酒的標貼,是在紅色背景上作金色的圖案式稻穗及黃色之大型米粒圖形,表現出簡潔的現代風格設計(圖4-39);「銀標」及「特

製銀標」米酒的標貼，則是受到當時西方設計流行的影響，利用圖案式的抽象米粒圖形以及傳統的酒器造形構成，並運用銀色、黃色、紅色之傳統色彩組合，在傳統中具有現代感，呈現了台灣本土的「Art Deco」地域性風格設計特色(圖4-40、4-41)。

此外，在這些米酒標貼中，大多出現了產品名稱「米酒」之台語的羅馬拼音「BIITYU」，藉此文字訊息以說明米酒所具有的台灣特色，且是以當時台灣民眾為其主要的銷售對象。

4-35：
米酒樽裝標貼
1922 年

4-36：
赤標米酒樽裝標貼
1930 年

4-37：米酒標貼　1922 年

4-38：米酒標貼　1929 年

4-39：金標米酒標貼　1938 年

4-40：銀標米酒罈裝標貼
1938 年

4-41：特製銀標米酒罈裝
標貼　1938 年

4-42：糯米酒標貼　1923年

●糯米酒

　　糯米酒與米酒一樣是價廉、普遍且具有台灣本土特色的酒類，其標貼的設計風格與米酒類似，但背景的相交稻穗圖案以及色彩搭配皆較為活潑，畫面中也像米酒一樣出現了「糯米酒」之台語羅馬拼音「TUUBIITUU」文字的品牌名稱(圖4-42)。

●糖蜜酒

　　專賣前的民間釀酒業者，常會利用蔗糖之副產物釀造「離仔酒」，然而專賣之後，在日人新式製糖技術下大量生產的副產物「糖蜜」，則代替了以往舊式糖廍之「離仔土」成為釀酒原料，所以在蔗糖生產期間，專賣局於中、南部蔗糖生產地之酒廠便有糖蜜酒的釀造。由於此種酒類非常廉價，所以其標貼大多作簡單的樣式，專賣開始時僅有大容量樽裝包裝，與早期樽裝米酒一樣只有黑白文字印刷的標貼(圖4-43)。1930年之後，糖蜜酒才改為「赤標」及「金標」兩種品牌的產品包裝，並且有較活潑的

4-43：糖蜜酒樽裝標貼 1922年

4-45：金標糖蜜酒樽裝標貼 1930年

4-44：赤標糖蜜酒樽裝標貼 1930年

4-46：糖蜜酒標貼 1930年

彩色標貼使用(圖4-44、4-45)，同時並生產小容量瓶裝糖蜜酒，其標貼是以圖案式的甘蔗花朵作為畫面裝飾，雖然樣式簡單，但卻是具有台灣本土色彩與現代感的設計(圖4-46)。

2.藥用酒類

數千年前中國人即有服藥進補的食療習慣，所以利用日常飲用的酒類作為養身、治病之用，乃早期台灣漢族移民沿襲自大陸的古老傳統，目前仍然存於台灣民間生活當中。其中具有特殊用途的各種藥用酒，則是傳統酒類中別具特色的產品，在日治專賣時期非常暢銷，當時產品除了部份由大陸進口再重新包裝銷售外，大多由專賣局自行開發生產，包括了五加皮酒、虎骨酒及玫瑰露酒等數種產品，期間並有各種品牌與包裝之設計變化。

●五加皮酒

五加皮酒為中國歷史悠久的傳統藥酒，專賣初期的標貼設計，是利用中藥材五加的樹葉與花朵圖案作為畫面之主題，以強調具有道地真材實料的產品特色，其配色與構圖皆具濃厚的日本風格(圖4-47、4-48)，尤其是橢圓形「第參號五加皮酒」標貼的日本式書法美術字體品名，使整體設計更具日本色彩(圖4-49)；而後於1924年生產的則改為更簡潔的標貼，利用紅色背景以強調出綠色五加葉子與花朵的設計(圖4-50)，以及簡化五加花朵圖案及扇型品名外框的設計(圖4-51)；1929年之後的標貼，亦延續這種利用五加葉子與花朵之圖形運用，但形式較為簡單且配色大膽，品牌名稱則用較具現代感的美術字體，整體表現作日本風格的現代設計(圖4-52)，特別是「第貳

4-47： 第壹號五加皮酒
標貼 1922 年

4-48： 第貳號五加皮酒標貼 1922 年

4-49： 第參號五加皮酒標貼
1923 年

4-50： 第貳號五加皮酒
標貼 1924 年

4-51： 第參號五加皮酒標貼
1924 年

4-53： 第貳號五加皮酒標貼
1929 年

4-54： 大陸進口五加皮酒
標貼 1923 年

4-52： 第壹號五加皮酒
標貼 1929 年

4-57： 鵝黃五加皮酒標貼
1930 年

4-55： 大陸進口五加皮酒
標貼 1924 年

4-56： 大陸進口金龍五加皮酒標貼 1935 年

號五加皮酒」標貼中傾斜構圖的立體造形品牌文字，更是明顯受「維多利亞」風格影響的設計(圖4-53)。

除了初期專賣局自行生產的五加皮酒，作日本風格的標貼設計外，從大陸進口的五加皮酒，則延續中國傳統風格標貼，使用民間傳統喜好的紅、金、黑為主的配色以及「雙龍戲珠」之吉祥圖案(圖4-54)，後來並在標貼四周配上圖案式的五加花朵與葉子，以傳達其產品具有傳統醇良及真材實料的特色(圖4-55)。1935年甚至推出傳統色彩濃厚的「金龍」品牌五加皮酒，以強調其為中國進口之道地品質產品特色(圖4-56)。

1930年並有「鵝黃五加皮酒」與「金蘭五加皮酒」的生產，前者標貼作中國傳統的紅、黃、金配色，利用中央黃色橢圓內的天鵝圖案，以傳達「鵝黃」之品牌意象(圖4-57)，後者則是利用紅色背景上所佈滿的金色蘭花圖案，以強調出「金蘭」之品牌名稱(圖4-58)，兩者皆是作圖案式設計，呈現具有現代感的中國傳統風格。

4-58：金蘭五加皮酒標貼
1930年

●虎骨酒

虎骨酒是以虎骨等中藥材浸泡而成的中國傳統藥用酒類，也是當時台灣民眾喜愛之傳統酒類。專賣初期的標貼作日本風格設計，黃色橢圓標貼內有綠色竹子及黃色稻米形成的彩球作為畫面之裝飾，專賣局標誌配上立體美術字的品牌名稱，呈現了日本色彩的現代設計風格(圖4-59)。為因應市場需要，這種風格的標貼使用不久，隨即於1924年改以較具台灣本土傳統色彩

4-59： 第壹號虎骨酒標貼
1922 年

4-60： 第壹號虎骨酒標貼
1924 年

4-61： 第貳號虎骨酒標貼
1924 年

4-62： 第參號虎骨酒標貼
1924 年

4-63：丹桂虎骨酒標貼　1930 年

4-64：金睛虎骨酒標貼　1930 年

的設計，利用老虎圖案作為品牌識別，傳達產品特性，其中頗有趣的是標貼中的老虎圖案，除抄襲自「台灣民主國」的黃虎旗外，並與台灣民間信仰中的「虎爺」造形類似，具有濃厚的台灣本土民俗色彩(圖 4-60、4-61)；尤其「特製第參號虎骨酒」的標貼，正方形標貼以傳統圖案為外框裝飾，內有圖案式的老虎圖形，並利用黃、黑、金等顏色組合，更突顯出台灣傳統的宗教色彩(圖 4-62)。

　　1930 年生產的「丹桂」虎骨酒及「金睛」虎骨酒，其標貼設計也是延續台灣本土色彩，利用相同造形的老虎作為畫面之主題圖形以及品牌之識別，但「丹桂」虎骨酒的標貼，則利用老虎上方的桂花圖案，以加深其品牌意象(圖4-63)；「金睛」虎骨酒的標貼，則把老虎圖案改以金色印刷，以呼應其「金睛」品牌名稱(圖4-64)。

●玫瑰露酒

　　玫瑰露酒是以玫瑰香精與中藥材浸泡調製而成的傳統藥酒,專賣期間大多是從大陸天津進口再重新包裝銷售,其標貼也延續大陸原廠的形式,作中國傳統風格的設計,以鳳凰吉祥圖案作為標貼的主題,具有祥瑞喜慶之象徵(圖4-65);此外,有些更加上玫瑰花邊框的裝飾圖案,以強調其產品名稱意象(圖4-66、4-67)。

　　當時的酒類標貼形式,通常以胴貼票為主,有些亦有肩貼票的使用,但藥酒的標貼卻除了正面的胴貼票之外,一般在背面皆有說明書的貼附,用以說明產品的製造來源或品質特色,所以當時從大陸進口的五加皮酒、虎骨酒、玫瑰露酒等傳統藥酒,經專賣局分裝出售時也常貼有說明書,以作為產品品質之保証(圖4-68)。

4-67:大陸進口玫瑰露酒標貼 1924年

4-65:大陸進口玫瑰露酒
標貼 1923年

4-66:
大陸進口玫
瑰露酒標貼
1924年

4-68:
大陸進口玫瑰
露酒說明書
1924年

4-69：專賣局的洋酒廣告　1938 年

(三)、洋酒、啤酒、水果酒類

　　洋酒與水果酒在日治時期由日人帶進之後，也逐漸影響了台灣的飲酒習性及酒類生產。專賣之前台灣市面上的洋酒大多從國外進口，水果酒的釀製也很少，直至專賣時期對於洋酒及水果酒始有計劃的研發生產，以提供日人統治者及部份在台外國人飲用。這些洋酒、水果酒的包裝，大多仿照當時歐美洋酒，不管是容器造形或標貼設計，都是依照外國產品的形式，尤其是標貼中的圖案樣式或圖文設計大多模仿外國洋酒風格，以強調其產品具國際性特色與現代感(圖 4-69)。

●洋酒

　　當時專賣局生產的洋酒，主要有威士忌酒及琴酒。其間先後推出了「Espero Whisky」與「Monopoly Whisky」等兩種品牌的威士忌酒，兩者的包裝與標貼設計都不同，前者以扁平狀透明玻璃瓶包裝，標貼利用金色線框、黑色底與反白的英文字以傳達出品牌、品名、製造者、容量與價錢等訊息，整體設計完全仿效外國產品，僅簡單的文字編排而沒有任何圖形運用(圖4-70)；後者是以圓形透明玻璃瓶包裝，標貼設計則以褐色底配上金色的線框、文字與專賣局的標誌，呈現出古典的西洋設計風格(圖 4-71 、 4-

72)。琴酒則是作「Monopoly Gin」品牌，以扁平透明玻璃瓶包裝，標貼作深藍色的背景，淺藍色的邊框與字體，並配上盾牌狀外形設計，具有歐洲古典風格 (圖4-73)。

●啤酒

台灣的啤酒專賣直至1933年才正式實施，專賣局將日人私營的「高砂啤酒廠」收歸國有之後，仍繼續原來一般消費者熟悉的「高砂啤酒」生產，並推出「RIGHT BEER」啤酒，以供應市場需求，其標貼的設計樣式簡潔，以英文標示為主(圖4-74、4-75)。

4-70：Espero Whisky 標貼 1932 年

4-71：
Monopoly
Whisky 標貼
1938 年

4-73： Monopoly Gin
標貼 1938 年

4-74： RIGHT BEER 標貼 1934 年

4-75： RIGHT BEER 肩貼 1934 年

4-72： Monopoly Whisky
標貼 1938 年

●水果酒

專賣局生產的水果酒,除了梅酒、葡萄酒外,並有利用椪柑、龍眼、烏龍茶等台灣特產釀造的甜酒—「利口酒」(Liqueur)。當時利口酒的品牌有「Ponkano Liqueur」、「Ryugan Liqueur」、「Uuron Liqueur」等三種,前兩者的標貼仿照西洋水果酒,分別以椪柑及龍眼作為主題圖形,並配上文字說明以傳達產品的特性(圖4-76、4-77);「Uuron Liqueur」的包裝與標貼設計,則作與「Espero Whisky」類似的洋酒樣式(圖4-78、4-79)。此三者皆有台語的羅馬拼音品牌名稱使用,以凸顯其具有外國產品般意象。「梅酒」的標貼也是受到外國設計流行的影響,利用梅花的底紋圖案及寫實的梅子圖形,與日本傳統折紙造形的色塊分割,表現出殖民環境下的日本現代風格設計(圖4-80)。

由於葡萄酒具有滋補營養的保健效果,所以當時專賣局販售的葡萄酒,便分為藥用葡萄酒及一般飲用的葡萄酒兩種。藥用葡萄酒的標貼設計較簡潔,類似藥品的包裝,畫面中僅有文字與簡單的圖形,除了有普通與高級兩種款式的商品包裝外(圖4-81、4-82),並有從法國進口重新包裝的特級藥用葡萄酒,其標貼作西方樣式(圖4-83),容器背面並有說明書的貼附,詳細說明產品的製造成份、製造過程、使用方式等訊息(圖4-84)。一般飲用的葡萄酒有「日月紅葡萄酒」及「日月白葡萄酒」兩種品牌,紅葡萄酒的標貼係模仿洋酒形式,以淺藍色天空配上圖案式的米黃色雲朵及紅、白的日、月作為主題圖形,標貼內所傳達的文字,全部皆以英文書寫,呈現日本色彩的西洋風格設計(圖4-85);白葡萄酒標貼與紅葡萄酒的樣式相同,僅在顏色上改以黑白的方式處理,以便於與紅葡萄酒作產品的區別(圖4-86)。

4-76：Ponkano Liqueur
標貼 1932 年

4-77：Ryugan Liqueur
標貼 1938 年

4-78：Uuron Liqueur 標貼 1938 年

4-79：Uuron Liqueur 廣告 1938 年

4-81：藥用葡萄酒標貼
1938 年

4-80：梅酒標貼
1939 年

4-85：日月紅葡萄酒標貼 1935 年

4-83： 進口 Extra Quality
Wine 標貼 1928 年

4-82：生葡萄酒標貼
1924 年

4-84： 藥用葡萄酒說明書
1938 年

4-86：
日月白葡萄
酒標貼
1935 年

4-87： 專賣局刊登於日本國內
的酒類廣告 1934年

(四)、外銷酒類

專賣局生產的各種酒類，除了供應台灣島內消費者飲用外，並有輸出到東南亞及日本內地。當時外銷產品包括有老紅酒、五加皮酒、糯米酒等具有台灣特色的傳統酒類，以及台灣特產的椪柑酒等(圖4-87)。

外銷老紅酒係將原來較具台灣本土色彩的品牌更改為「玉友」及「蘭英」等具日本風味的名稱，同時標貼也改為日人喜愛的風格。蘭英老酒的初期標貼，是以原來「黃雞」老紅酒的樣式為主，改變邊框圖案利用蘭花以加強「蘭英」品牌印象(圖4-88)；玉友老紅酒標貼，是藉由傳統圖案邊框及畫面中的雙龍圖形表現出中國風格與傳達產品的傳統意象，但其大面積的黑色，則是中國傳統配色所少見的，具有明顯日本風格(圖4-89)。1938年之後的標貼，兩者皆省略了原來複雜的圖案，並以大膽配色及簡單圖形作簡潔的設計，因而更具濃厚的日本色彩(圖4-90、4-91)

最初的外銷五加皮酒，其標貼仍然延續傳統雙龍吉祥圖案風格，僅在金龍部分作雲朵圖形的變化(圖4-92)，1938年之後的標貼，則改為簡潔的五加花朵圖案底紋與金色、土黃色搭配之完全日本風格的設計(圖4-93)。外銷糯米酒的標貼，則改變原來台灣本土色彩的樣式，作日本風格的簡潔稻穗圖案設計(圖4-94)。初期輸出的椪柑酒有大小兩種容量包裝，其標貼與島內產品一樣，只有小容量標貼作外型的比例變化(圖4-95)，後來則更改成較為簡潔的設計(圖4-96)。

4-88：外銷蘭英老酒標貼
1934 年

4-89：外銷玉友老酒標貼
1934 年

4-90：外銷蘭英老酒標貼
1938 年

4-91：外銷玉友老酒標貼
1939 年

4-92：外銷五加皮酒標貼
1934 年

4-93：外銷五加皮酒標貼
1938 年

4-94：外銷糯米酒標貼
1934 年

4-95：外銷 Ponkano Liqueur 標貼
1922 年

4-96：外銷 Ponkano Liqueur
標貼　1924 年

(五)、紀念酒類

在中國傳統民間生活中，酒除了於日常飲用外，且常作為喜慶、祝賀之用。但被用於國家慶典紀念及政令宣傳，則始於日治專賣時期，一直到了台灣光復之後，若遇有如雙十國慶、總統華誕、總統就職等國家重要慶典，公賣局仍常有紀念酒的發行，以資慶賀。日治專賣期間，總督府專賣局曾為了昭和天皇的登基大典，以及「始政四十周年紀念台灣博覽會」這兩項重要慶典而特別生產紀念用酒。其中為慶賀昭和天皇的「御大典謹製品」只有白酒一種，其標貼與當時的黑酒作相同樣式，以日本皇室象徵的翔鳳、菊花紋章作為設計之主題，為充滿祥瑞象徵及日本傳統色彩的典型紀念用標貼。

1935年台灣總督府為慶祝治台四十周年，乃舉辦台灣博覽會向世人展示其在台灣殖民經營的各項成就，並作為其對東南亞施行「南進政策」之前奏，以及實現「大東亞共榮」的準備。因此，這次博覽會的各項會場設施、展覽宣傳均是規模空前，而專賣局的紀念酒發行，也是其中一項重要的宣傳品。此次紀念酒的種類，包括了專賣局所生產的各種代表性產品，有台灣傳統酒類的米酒、糯米酒、老紅酒、五加皮酒、虎骨酒、玫瑰露酒；洋酒及水果酒類的威士忌、椪柑酒、葡萄酒，以及日本酒類的瑞光清酒、泡盛酒等。這些紀念酒是作為博覽會期間贈送貴賓或於會場販賣銷售之用，所以其包裝皆經過特別設計，容量僅為0.18公升，以方便攜帶及收藏。其標貼設計，有些只在原有產品的標貼上加印「博覽會紀念」字樣，而不作重新設計，以保留各類酒原來風格特色(圖4-97、4-98、4-99、4-100、4-101、4-102)，但大部分則是為此次博覽會之紀念而特別作不同風格設計。

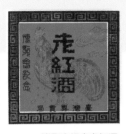

4-97：博覽會紀念老紅酒標貼 1935年

4-98：博覽會紀念五加皮酒標貼 1935年

4-99：博覽會紀念瑞光清酒標貼 1935年

4-100：博覽會紀念 Ponkano Liqueur 標貼 1935年

4-101：博覽會紀念 Espero Whisky 標貼 1935年

4-102：博覽會紀念 Extra Quality Wine 標貼 1935年

4-103：博覽會紀念米酒標貼 1935年

4-104：博覽會紀念糯米酒標貼 1935年

4-105：博覽會紀念玫瑰露酒標貼 1935年

　　例如米酒的標貼，是利用金色的稻穗圍繞外框，其畫面以黃、白色塊拼貼組合，作活潑的設計，並保留「米酒」原來的紅、黃色彩意象，呈現出具有現代感的台灣本土特色(圖4-103)；糯米酒的標貼，則作與外銷產品相同的日本式樣設計(圖4-104)；玫瑰露酒的標貼，也是保留原來紅色與金色之傳統配色，而把原來標貼畫面中央之中國傳統鳳凰圖案，改為日本傳統紋飾中的「鳳凰の丸」圖案造形，呈現中、日融合之傳統風格(圖4-105)；虎骨酒的標貼，則延續原來老虎圖形之產品意象，而利用竹子圍繞成中央橢圓形老虎主題，構圖活潑且具日本色彩(圖4-106)；紀念用的泡盛酒標貼與平常完全不同，淺藍色背景上有紅、黃的色塊組合及金色的稻穗圖案，整體視覺效

4-106：博覽會紀念虎骨酒標貼　1935 年

4-107：博覽會紀念泡盛標貼
1935 年

4-108：日月紅葡萄酒標貼
1935 年

4-109：日月白葡萄酒標貼
1935 年

果活潑且有日本風味(圖4-107)；日月葡萄酒的標貼，則改為較活潑的設計，並加上寫實的葡萄圖案作為畫面裝飾，紅葡萄酒作米黃色與紅色的色彩搭配(圖4-108)，白葡萄酒則以灰綠與灰藍之配色，呈現出典雅的視覺效果(圖4-109)。

　　除上述所列的各種酒類外，當時專賣局也利用台灣製糖剩餘的副產品糖蜜以生產酒精，不僅可提供作為工業用途的燃料外，並大量出口至日本及國外。此外，市面上亦有藥用酒精的販售，最初標貼僅有簡單的文字說明印刷，1927年之後則印有甘蔗圖形以說明產品的製造來源，造形簡潔，且具本土特色(圖4-110)。

4-110：酒精標貼　1927年

二、日治時期的設計表現

　　雖然此階段所有酒類的生產、販賣皆由專賣局獨家經營，沒有競爭對手，但是影響產品形象好壞，以及吸引消費者選購的理由，不只是酒的品質、口味，產品外觀的包裝及標貼設計也是一個重要因素。所以，專賣局也開始注意到酒的包裝設計極需作有計劃的處理，尤其更要利用精美的標貼，以突顯各類產品的特色，並發揮宣傳、促銷的功效。此時的標貼設計，不像專賣之前各家廠商自行表現，形式多樣且風格不一，而是由專賣局配合政策

需求並針對各種酒類的不同,進行標貼樣式的設計,當時的標貼不只是由專賣局的專門部門負責設計繪製,有些尚透過公開甄選,廣徵優秀的標貼設計,以期符合社會大眾之喜好。並由「台灣日日新社」、「台灣オセット會社」及「小林印刷株式會社」等機構負責標貼之印刷工作,以確保標貼設計、製作之品質。

此外,日本殖民政府甚至配合治台政策作各階段標貼的設計變化,以達到殖民宣傳之目的。所以,當時標貼設計形式有其一定的規制與樣式,並隨著社會政策發展、產品類別不同以及市場需求而作變化。

經由上述針對各種酒類的分析可知,此階段的標貼設計較專賣前進步,其形式、風格亦多樣化,針對各類酒皆有其不同的變化,有的仍表現出中國傳統及台灣本土的特色,但在大量日本文化及歐美流行式樣的輸入後,使得有些設計呈現了與傳統不同的多樣性面貌。所以綜觀此時的標貼設計,可大致歸納下列表現特色。

(一)、日人主導下的日本色彩呈現

日治專賣期間,正值「同化」與「皇民化」殖民統治階段,日本當局有計劃的輸入日本文化於台灣,希望改造台灣成為適合日人之殖民環境。所以,專賣局為配合政策及日益增多的日人飲用需求,日本傳統酒類列為生產的重點,並且大多數產品皆作日本風格的標貼設計,希望透過這些酒類產品,以達到文化侵略與融合的目的。並且,在殖民專賣之社會機制下,酒類生產完全為統治者所掌控,標貼亦在殖民統治者的主導下,作配合殖民統治環境需求的設計表現。所以日本風格的設計,遂成為當時標貼的主要樣式,

甚至專賣初期有些傳統酒類的標貼，亦作此種風格的設計表現。例如中國傳統酒類的老紅酒、五加皮酒，除了傳統風格的標貼設計外，在特殊環境影響下亦曾有日本色彩設計的出現。

此外，日人為了強調殖民統治之專賣生產成就、專賣產品之品質特色，以及建立專賣產品之良好形象。除了喜愛作完全日本風格的標貼外，並常在標貼設計中使用具有日本帝國色彩之視覺符號，或直接使用專賣局象徵之菱形標誌。例如櫻花、旭日、菊花、石竹花，以及傳統織錦圖案等日本精神象徵或日本色彩明顯之圖案，皆是當時標貼中用以塑造日本風格、加強日本意象之主要設計元素。甚至為配合日治末期的戰爭環境需求，更推出了激勵民心的「凱旋」清酒，並作濃厚戰爭色彩的標貼設計。

(二)、迎合市場需求的傳統民間喜好色彩

日治專賣之後，雖然在專賣局的計劃性經營下，日本形式的設計成為當時標貼的主要風格。但由於酒類的主要市場，乃是廣大的台灣民眾，富有吉祥象徵及傳統色彩標貼是他們所熟悉與喜愛的，所以有些產品的標貼仍然作傳統的設計風格，甚至傳統的日本清酒，為了迎合台灣的消費環境，亦曾出現中國傳統品牌及風格之標貼設計，並藉以建立其殖民地產品之地域性特色。所以在殖民環境下，日本風格的標貼設計雖是當時的主要樣式，但由於中國傳統文化已深植於民間生活，一般消費者還是習於傳統風格的設計，為了迎合市場需求，大部份傳統酒類標貼還是採用民間喜好的傳統風格，連其他產品也會有部分傳統色彩的運用。

尤其是日治末期的戰爭階段，日人雖嚴屬實施「皇民化運動」的治台政

策，對台灣之中國傳統文化採取高壓政策，企圖消滅所有令台人懷念祖國之事物，所以具有傳統風格的標貼，即違反了當時之政策。但深植人心的文化思想，依舊影響人們對於產品之認同與喜好，專賣局在產品銷售考量下，部份需求量大的傳統酒類，其標貼仍作人們熟悉的風格，或是以中、日融合的面貌出現，以迎合市場需求。

(三)、現代西方設計的影響與運用

日治之後，隨著日人而來的外國酒類、西洋文化或當時西方的藝術風格與設計流行，亦影響了台灣酒類標貼的設計。尤其專賣之後更加明顯，當時台灣生產的洋酒與水果酒類，大多是作外國形式的標貼設計，以突顯其產品具有國際水準之優越品質。此外，其它如日本酒類及本土傳統酒類也受到了西方設計的影響，在標貼設計中運用洋文以及西洋的裝飾圖案，或者直接模仿當時外國產品的標貼設計，作西方的表現形式或融合西方的設計風格。

例如當時各種國外流行的「維多利亞」(Victorian)、「新藝術」(Art Nouveau)、「裝飾藝術」(Art Deco)、「風格派」(Des Stijl)等設計表現風格，也藉由外來文化的輸入，而出現於此階段的標貼設計中。「泡盛酒第貳號」(圖4-15、4-16)標貼的彎曲、嬌柔具有浪漫色彩之稻穗圖案，即是典型的歐洲「新藝術」風格設計；專賣初期的萬壽清酒、白酒以及金雞老紅酒之標貼，則是受「裝飾藝術」風格影響的設計，並與傳統融合之新風貌。此外，當時標貼的畫面構成及圖文排列方式，有許多亦受到西方設計的影響，例如上述「第貳號五加皮酒」(圖4-53)標貼中充滿現代感之傾斜構圖的立體造形品牌文字，即是明顯模仿外國產品標貼設計。

(四)、殖民地台灣的產品特色強調

　　殖民社會環境下的酒類生產完全為統治者所掌控，其標貼亦在殖民統治者的主導下，作配合殖民統治環境需求的設計表現，因此標貼中的視覺符號使用，皆是在殖民統治者觀點的系統脈絡中形成，使得此階段標貼設計有特殊的風格面貌。所以除了大量日本風格標貼的使用，以及迎合市場需求、追循國外設計流行而作的傳統色彩及洋酒樣式外，有些還呈現了殖民地台灣獨特的視覺樣貌。

　　透過具有台灣特色之酒類生產，以及台灣地域環境色彩的標貼設計表現，不僅可以迎合為數眾多的本島消費者喜愛與市場需求，更可藉以突顯殖民地台灣的產物特色，以及強調日人在台殖民統治的經營成就。所以從當時的傳統及台灣本土酒類的標貼中，可以發現時常利用中國傳統風格或台灣本土色彩的視覺符號作為設計表現之主題。例如金色、紅色、黃色等傳統色彩的搭配使用，以及龍、鳳、老虎等具有歡樂喜慶等吉祥意涵之傳統裝飾圖案，或有濃厚台灣民間色彩之視覺語彙，在五加皮酒、紹興酒、玫瑰露酒、虎骨酒等傳統酒類標貼中使用非常普遍；甚至如前述之福祿清酒，不僅使用具有吉祥意涵之品牌名稱，並選擇中國傳統吉祥圖案以詮釋「福祿」之象徵意義，作為標貼設計的主題。

　　其次，具有台灣地域色彩的稻米、甘蔗等農產品，以及台灣農家常見的公雞，皆出現於當時的標貼設計中。例如虎骨酒標貼中的老虎造形，頗具有廟宇「虎爺」的宗教民俗趣味；此外，老紅酒標貼中的公雞主題圖形，據說可能來自於當時民間流傳歌謠「老酒之歌」內容—「十月算來人

收冬，娘仔病子心頭空，君今問娘愛食麼，愛食老酒燉公雞。」深具台灣
民間色彩。

雖然，經由上述分析可以發現日治專賣時期台灣酒類包裝之標貼設
計，具有以上各項視覺風格特徵。但若進一步就標貼之構成形式加以探
討，則能更清楚瞭解此階段標貼設計之視覺表現方式。此時的標貼圖形，
不僅作為畫面的裝飾，也有利用圖形以強調品牌特色，或藉以說明產品的
特性或產品製造之內容物說明來源，例如米酒、五加皮酒、椪柑酒標貼中
之稻穗、老虎、椪柑等圖形。

除了這些主題圖形外，裝飾的邊框、底紋亦有各種表現風格，除某些
傳統酒類的標貼，利用中國傳統紋樣的邊框外，一般的標貼皆作簡單的線
框，而無複雜的裝飾。此外，標貼中的底紋運用更為普遍，例如專賣初期
的老紅酒、五加皮酒等產品標貼，常以日本傳統紋飾或網點作為畫面之底
紋，以襯托標貼中之主題。

標貼的文字內容除品牌、品名之外，增加了定價、容量及製造者「台
灣專賣局」之字樣或標誌。由於專賣之後生產的酒類除了供應本島居民飲
用外，亦有輸出到日本內地及外國者，產品為求達到國際化水準，所以部
份標貼有時亦出現了日文、英文或台語之品牌音譯，以及製造者「台灣專
賣局」之英文翻譯。由於此時酒類的生產、販賣完全由專賣局獨佔，所以
類似專賣前之宣傳產品的廣告性文字已較為少見，只有在少數標貼中出現
了「醇良保健」、「醇良美味」以及「芳香醇味」等簡單的宣傳文字。品
牌名稱的文字造形，除了慣用的書法字體外，手寫原稿美術字的使用普
遍，並有少數受日本影響而作日本傳統的書法式美術字。

　　色彩運用則依照標貼風格而變化，作傳統設計者多以傳統民間喜愛之紅、黃、黑、金等鮮艷顏色的搭配為主；日本風格的標貼，則利用日本傳統的色彩組合，顏色較為典雅、沈靜；洋酒及水果酒標貼，常是直接模仿外國產品之設計。此外，有許多標貼已能善用圖形、文字與色彩等構成要素，融合中外視覺風格作成熟的設計表現。

伍、光復後的酒類標貼設計

1945-1970

一、 1945 至 1959 年的產品類型

　　光復初期台灣各方皆處於百廢待舉的重建復甦狀態，尤其是民生物資缺乏，政治、經濟尚未穩定之際，緊接著 1949 年大陸淪陷，國民政府退守台灣。所以一切農、工、商產業皆配合國家政策，以勤儉建軍為原則，反共復國為目標。在此社會環境下，生產不足且各項商品皆以滿足民生需求為優先，產品的包裝設計不被重視，大多延續舊有的形式或作簡單的處理；並且，此時工商業的競爭少，市面上商品普遍欠缺包裝設計的觀念。所以此階段的酒類包裝，最初皆以簡單形式處理，不注重外表的美觀與包裝在行銷、傳達上之作用，標貼設計常被忽略；甚至從當時公賣局發行的《酒業通訊》刊物上(圖 5-1)，亦可發現公賣局有些官員仍存有「公賣品不必考究裝潢（包裝設計），祇要公賣品上標誌有『公賣品』字樣，使消費者一見就能辨明是『公賣品』。同時公賣局的包裝，能夠防杜假冒便利緝私就可，不必在公賣品上多耗費裝潢的費用，因為公賣品有獨佔性質，公賣區域內祇此一種，別無競爭的物品，橫直要消費也祇有消費公賣品，裝潢不裝潢是無關重要的。」這種幾近迂腐的看法。

5-1：酒業通訊封面 1947 年

　　除了社會、經濟的動盪與蕭條外，由於光復後的政權交替，產生了戰後文化重建、二二八事件、恐共反共等各階段的文化思想箝制現

象。這些社會文化轉變，亦影響了當時的設計發展，使得此階段的酒類標貼呈現了特殊風格面貌，尤其是反共思想對於文化、思想意識的影響，更延續到爾後長遠的時間。

　　光復之時，台灣省專賣局接收日人留下的酒廠設備，由於戰後廠房殘破不堪，僅能利用現有設備勉強生產，並就日治專賣時期的產品，更改品牌而重新生產包裝上市，以因應民生需求。當時這些酒類的新舊名稱對照如下：

光復初期酒類新舊品牌對照表

舊　名	新　名
凱旋清酒	勝利酒
福祿清酒	芬芳酒
濃厚酒	玉泉酒
銀標特製米酒	白露酒
金雞老紅酒	紅露酒
金蘭五加皮酒	藥酒
五加皮酒	五加皮酒
日月葡萄酒	日月牌葡萄酒
Espero Whisky	愛斯配露酒(Espero)
Monopoly Whisky	高級威士忌
Monopoly Gin	Dry Gin
Ponkano Liqueur	橘酒
Unron Liqueur	烏龍酒
梅酒	梅酒
鳳梨酒	菠蘿酒
高砂麥酒	台灣啤酒
高砂生麥酒	台灣生啤酒

光復初期的酒類產品廣告

資料來源：台灣年鑑，台北，台灣新生報社，民國 36 年

　　由於光復初期社會尚處於農業生活階段，國民所得不高，一般民眾主要消費的酒類，乃以太白酒、米酒等價廉的產品為主。所以當時公賣局生產的重點在於開發一般民眾生活所需之產品類型，並有二大目標：一為發揚我國國粹，盡量研製我國最具代表性的酒類；一為配合整體國家經濟政策，減少使用米糧為釀酒原料，以作為建軍備戰的軍糧民食之用，且可以食米輸出增加國家外匯收入，並盡量利用本省盛產的水果，研製各種水果酒類。所以在此階段，除了民生基本用酒的大量生產外，並加強高粱、紹興等傳統酒類的研發，以及梅酒、鳳梨酒、橘酒、鮮橘酒、桂圓酒、烏梅酒、葡萄酒、鮮果酒、荔枝酒等水果酒類的陸續生產，使產品的種類更形多樣化。各類酒由於產品類型、品牌特性之不同，其標貼皆有所變化，有作中國傳統風格者、有模仿西洋形式或受現代設計影響的、亦有少數日治時期風格之延續者。以下即按各產品類型，逐一分析其標貼設計的發展：

(一)、中國傳統酒類

●五加皮酒

　　1946 年公賣局將日治專賣時期的「五加皮酒」重新包裝上市(圖5-2)，其標貼仍然使用以前舊有雙龍圖案的傳統樣式，僅局部修改邊框圖案的五加花朵為稻穗，以及篆書造形的品牌文字(圖5-3)，但使用不久即改為以公賣局廠房

5-2：瓶裝五加皮酒　　5-3：五加皮酒標貼
1946 年　　　　　　　1946 年

圖案為背景的標貼，其設計雖頗具現代感，但卻與傳統酒類意象不符(圖5-4)。所以1949年之後的標貼便改為一般消費者熟悉的樣式，其構圖、配色皆延續早期的風格，利用日治專賣時期五加皮酒常見的視覺符號，如五加花朵、樹葉等圖案(圖5-5)。到了1950年代之後，在反共復國環境下則又改為具有中華文化復興意義的傳統風格，以傳統的紅、黃配色與雲紋狀的底紋，呈現出中國傳統色彩之設計(圖5-6)。此外，日治專賣時期的「金蘭五加皮酒」，光復當時則改為「藥酒」，僅在圓形標貼中印上書法字體的產品名稱，而不作其它的設計(圖5-7、5-8)

5-4：
五加皮酒標貼
1947 年

5-5：
五加皮酒標貼
1949 年

5-6：
五加皮酒標貼
1955 年

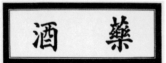

5-7：藥酒罎裝肩貼 1946 年

5-8：藥酒罎裝胴貼 1946 年

　　1957年生產的「雙鹿五加皮酒」，其包裝除了透明玻璃瓶裝外，並有模仿大陸五加皮酒的傳統膽型陶瓷瓶包裝形式(圖5-9)，兩者標貼樣式相同，橢圓形標貼上下兩端有日治時期常見的「維多利亞」風格彩帶，但透過中國傳統花邊裝飾與梅花鹿主題圖形運用，仍使整體設計呈現中國傳統風格(圖5-10)。陶瓷瓶背面並有圓形紅色簡單標貼，以雙鹿為品牌圖形，作為中國傳統色彩的強調(圖5-11)，此外瓶身側面及瓶口分別貼有說明書及封緘票(圖5-12)。

5-9：陶瓷裝雙鹿五加皮酒
1957年

5-12：雙鹿五加皮酒封緘票　1957年

5-10：雙鹿五加皮酒標貼
1957年

5-11：雙鹿五加皮酒標貼
1957年

● 紅露酒

　　以日治專賣時期「金雞老紅酒」更改品牌重新生產上市的「紅露酒」，其標貼最初是在簡單的稻穗底紋上，作當時流行的立體美術字品名設計(圖5-13)；但使用不久即改為較活潑的圖案化設計，利用淺黃色的稻穗底紋襯托畫面中央綠色米粒造形之品牌名稱，以強調出產品之製造來源與特色(圖5-14)。1949年之後又改為較傳統的設計，利用中國傳統民間喜好的紅、黃

5-13：紅露酒標貼　　5-14：紅露酒標貼　　5-15：紅露酒標貼　　5-16：陳年紅露酒標貼
　1946 年　　　　　　　1947 年　　　　　　　1949 年　　　　　　　1949 年

配色，以稻穗底紋與傳統的雙魚圖案為背景，配上紅色的外框與品名，呈現
豐收、歡樂之吉祥意象與濃厚的中國色彩 (圖 5-15)。

　　1949 年推出的「陳年紅露酒」，其標貼設計則異於完全中國傳統風格
的「紅露酒」，以綠、黃、紅、金等顏色搭配，整體設計活潑，構圖簡潔，
尤其畫面中的台灣地圖圖案使用，使其呈現了台灣地域特色之現代設計風格
(圖 5-16)。

●紹興酒

　　此階段的各種酒類標貼中，以 1951 年上市的
「紹興酒」最具有中國傳統色彩，利用中國傳統的
紅色與金色搭配圖案式的稻穗紋飾，與傳統書法字
體的品名，以呈現出歡樂、喜氣的傳統風格（圖
5-17）。除了胴貼票之外，還有封緘票之貼附，以
作為產品之品質保証（圖 5-18）。

5-17：紹興酒標貼　1952 年

5-18：紹興酒封緘票　1952 年

5-20：
高粱酒罈裝胴貼
1952 年

●高粱酒

　　1951年生產的「高粱酒」，其標貼作淺褐色與淺黃色的色調，利用高粱稈圖案為畫面之主題圖形，其構圖方式明顯受了日治專賣時期「酒精」標貼影響（圖5-19)。零售用的大容量桶裝高粱酒，雖然僅在圓形標貼中印上書法字體的品牌名稱，而不作其它的設計，但仍具有濃厚的中國傳統色彩(圖5-20)。

5-19：
高粱酒標貼
1952 年

●玫瑰露酒

　　「玫瑰露酒」為我國傳統藥酒，在日治時期皆作中國傳統風格的標貼設計，但1955年公賣局生產的，卻與當時的燒酒作相似的標貼設計，畫面的圖文編排與色彩運用皆完全一樣，僅在右上角增加了玫瑰花圖形，以作為品牌的名稱強調(圖5-21)。由於其包裝無法與燒酒作適度的產品區別及品牌識別，所以 1958 年即重新改款作不同風格的設計，以金色線條分割畫面為背景，在明亮粉綠色上有紅色的寫實玫瑰圖案，作為標貼之主題圖形，以及加強其產品的品牌意象，整個設計呈現了浪漫風格，此種樣式的標貼經四十幾年仍不變沿用至今(圖5-22)。此外，零售用的大容量桶裝玫瑰露酒，其標貼與桶裝高粱酒一樣，僅在圓形標貼中印上書法字體品牌名稱的簡單設計（圖5-23)。

5-23：
玫瑰露酒
罈裝胴貼
1955 年

5-21：玫瑰露酒標貼
1955 年

5-22：玫瑰露酒標貼
1958 年

(二)、台灣本土酒類

●米酒

　　光復之時公賣局接收日人留下的設備，以日治專賣時期的「銀標特製米酒」重新生產包裝推出了「白露酒」，最初僅暫時作樣式簡單的標貼(圖5-24)；隔年隨即改為日治時期流行的現代設計風格，簡潔的對角線構圖、立體造形的品牌文字都是當時的典型特徵(圖5-25)。但此產品上市不久即於1950年改為大家熟悉的紅標「米酒」，以恢復其原有的產品名稱，其標貼採用淡紅與洋紅之單一色相配色，並以反白之稻穗圖案襯托出類似明體字之手寫美術字的「米酒」品牌名稱，這種具有台灣早期色彩的簡單設計，已為米酒建立起物美價廉且具親和力之產品特色，此種標貼設計歷經五十餘年至今仍然繼續沿用，並成為米酒之最佳識別(圖5-26)。

5-24：白露酒標貼
1947年

5-25：白露酒標貼　1947年

5-26：米酒標貼
1950年

●太白酒

　　1946年即開始生產的「太白酒」，是當時最廉價且銷售量最大的一般民生用酒，但其標貼設計卻受當時西洋現代設計風格的影響，作完全抽象圖形的標貼設計，在畫面中填滿了綠色的抽象圖形，襯托出紅色的「太白酒」三個造形特殊的美術字體之品牌，整體設計呈現出簡潔的抽象美感(圖5-27)。

5-27：太白酒標貼 1946 年

5-28：糯米酒標貼 1950 年

●糯米酒

　　1950年上市的「糯米酒」，其標貼也是受西洋設計影響，但表現技法尚未成熟，整體感覺較為樸拙，以圖案式的稻穗與酒杯為畫面之主題圖形，立體的手寫美術字「糯米酒」，則為當時普遍流行的品牌字體造形，但綠色系的色彩計劃，卻無法呈現出其產品醇美、可口的產品特色(圖 5-28)。

●燒酒

　　公賣局1951年推出以玉米釀製的「燒酒」，在當時亦是物美價廉且暢銷的民生用酒，作造形小巧可愛的0.2公升透明玻璃瓶包裝(圖5-29)，其標貼作斜線分割的構圖，綠色的底配上金色的玉米圖案以作為畫面之主題圖形，紅色美術字的「燒酒」品名突出於標貼中央，右上方並有「台灣」兩字，以標示此為本省之特產，整體設計具有台灣本土色彩 (圖 5-30)。

5-31：糖蜜酒標貼
1948 年

5-29：瓶裝燒酒
1951 年

5-30：燒酒標貼 1951 年

●糖蜜酒

　　光復初期以甘蔗為原料釀製的「糖蜜酒」，其標貼利用甘蔗圖形以傳達
產品特性，但畫面構成方式卻明顯受日治專賣時期風格影響，尤其斜向綵帶
式排列的品牌文字與光復前的「椪柑酒」幾乎完全一樣(圖5-31)。

●萬壽酒

　　1951年上市的「萬壽酒」，其標貼的構圖與裝飾
花紋雖受早期外國洋酒影響，但仍能保有中國傳統色
彩，尤其傳統篆書「萬壽」與西洋紋飾的結合，更顯出
中西融合的色彩(圖5-32)。

5-32：萬壽酒標貼
1951 年

●當歸酒

　　1953年推出以中藥材當歸泡製而成的「當歸酒」，
其標貼以紅色的底配上書法字體的品名，呈現出中國
傳統色彩，但其構圖形式則受外國洋酒影響，邊框並
有類似西洋新藝術風格的裝飾圖案(圖5-33)，容器背
面貼有書寫「當歸浸製」的證票(圖5-34)。

5-33：當歸酒標貼
1953 年

5-34：當歸酒證票 1953 年

●烏豆酒

1958 年公賣局推出利用台灣盛產的烏豆釀製的
「烏豆酒」，為具有特色的台灣傳統補酒，其標貼以傳
統民間喜好的紅、黃配色，作中國傳統形式的構圖，
但以簡化的傳統裝飾圖案作為畫面之主要圖形，整體
設計呈現出現代與傳統融合的特殊風格(圖 5-35)。

5-35：烏豆酒標貼
1958 年

●福壽酒

受日人統治期間之日式生活文化的影響，本省人民
已習慣於清酒之飲用風味，為因應市場需求，光復後公
賣局仍繼續清酒的生產，但卻改變品牌與產品形象，所
以1946年推出的清酒，便作具有傳統意象之「福壽酒」
品牌名稱，其標貼呈現中國傳統風格，以傳統的紅、黃
配色為主，並利用蝙蝠與壽字紋等傳統吉祥圖案為背
景，以強調出「福壽」品牌意象(圖 5-36)。

5-36：福壽酒標貼
1946 年

●烏龍酒

1947 年上市的「烏龍酒」，係以日治專賣時期的
「Uuron Liqueur」重新包裝更改品牌而成，其標貼以
紅底反白文字搭配綠色茶葉花朵圖案的設計，構圖簡
潔但略顯單調(圖 5-37)。

5-37：烏龍酒標貼
1947 年

●特級清酒

　　由於當時台灣的清酒銷售量大，公賣局為提供消費者更多樣的產品選擇，乃於1948年推出「特級清酒」。因清酒為日本傳統酒類，所以最初的標貼雖作簡潔的傳統樣式設計，但色彩搭配方式卻明顯受日本產品影響(圖5-38)，此種標貼不久即改為日治專賣時期常見的構圖形式與對稱的稻穗圖形(圖5-39)，並且延續早期証票使用方式，在容器背面貼有標示「中華民國製造」証票(圖5-40)。此外，特級清酒也與前述高粱酒、玫瑰露酒一樣，有桶裝的大容量包裝，以及相同款式的圓形標貼設計(圖5-41)。

5-40：特級清酒證票　1950年

5-38：
特級清酒標貼
1948年

5-39：
特級清酒標貼
1950年

5-41：
特級清酒
罈裝胴貼
1950年

(三)、水果酒類

●橘酒

　　1946年公賣局將日人留下的「Ponkano Liqueur」產品重新包裝以「橘酒」上市，最初的標貼是模仿西洋的水果酒包裝，以方形的透明玻璃裝，貼上菱形外方內圓的標貼(圖5-42)，標貼內作單一的色彩與簡單的文字造形設計，表現出簡潔的現代設計風格，並使用大量的英文使其產品外觀類似進口水果酒，藉以提昇其產品的形象、價值(圖5-43)；1949年之後更在標貼中加上橘子圖形與淡橘色背景，使其設計更顯活潑(圖5-44)。這種標貼使用不久即改為長方形的設計，畫面利用對角線分割及深綠色與白色之強烈明度對比，寫實的柑橘圖形清楚地傳達出內容物特色，大小漸變的圖形排列，產生律動、活潑的視覺效果，整體設計具有現代風格(圖5-45)。隨後此標貼又改為有紅色橘子圖案的設計，並把中文「橘酒」品名加大，整體設計並沒有前者活潑，但訊息的傳達較為清楚，其配色及構圖亦明顯的受西洋酒類所影響(圖5-46)。

5-42：
瓶裝橘酒
1946年

5-43：橘酒標貼 1946年

5-44：橘酒標貼 1949年

　　此外，1948年公賣局更推出新鮮柑橘釀製而成的「鮮橘酒」，其標貼以新鮮橘子為主題圖形，並以台灣地圖為背景，整體設計活潑且具有台灣地域特色，但此產品上市兩年即告停產 (圖5-47)。

5-45：橘酒標貼　1951年

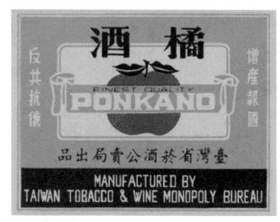

5-46：橘酒標貼　1953年

5-47：
鮮橘酒標貼
1948年

●梅酒

1946 年公賣局將日人留下的「梅酒」半成品重新包裝推出上市，其標貼由活潑的紅、黃色塊構成，並以盛裝梅酒的洋酒杯子為主題圖形，整體設計頗具現代感(圖5-48)。 1952 年之後，則改以「烏梅酒」品牌生產上市，其包裝受洋酒影響，作圓形大肚狀的玻璃瓶裝(圖5-49)，標貼則利用重複的直線當邊框，以簡單的圖案式水果當畫面之主題圖形，並以英文「PLUM Liqueur」為主要的品牌，以強調其產品具有類似洋酒之特性，其中紅、灰為主顏色搭配則是以往較為少見的色彩組合(圖 5-50)。

5-49：瓶裝烏梅酒 1952 年　　5-50：烏梅酒標貼 1952 年　　5-48：梅酒標貼 1946 年

●菩提酒

1948 年公賣局推出以葡萄釀製的「菩提酒」，由於品名無法適切傳達產品內容，市場銷售不佳，兩年後即停止生產。其標貼模仿外國葡萄酒樣式，以葡萄藤蔓作為畫面的主題圖形，整體設計具有洋酒的異國色彩(圖5-51)。

5-51：菩提酒標貼 1948 年

115

5-52：
鳳果酒標貼
1952 年

●鳳果酒

1952 年公賣局以台灣盛產的鳳梨釀製「鳳果酒」，但口味無法獲得消費者的青睞，遂於隔年停產。其標貼係利用寫實的鳳梨圖形以傳達產品特色，尤其黑色與黃色的明度對比更使整體設計活潑、視覺效果突出(圖 5-52)。

●桂圓酒

1953 年上市之「桂圓酒」，係以台灣盛產的桂圓釀製而成，由於風味特殊頗受消費者喜愛，而成為當時銷售量很大的民間用酒。其標貼作一般民眾熟悉的傳統紅、黃配色，以及隸書書寫的品牌名稱，畫面中僅利用簡單跪立的麋鹿與半圓形的同心圓圖案作裝飾，以強調「桂圓」（跪圓）之品牌意象。此外，把說明書結合於正面胴貼上則是當時較為少見的設計，整體視覺效果簡單，具有台灣傳統色彩(圖 5-53)。

5-53：桂圓酒標貼
1953 年

5-54：香滴酒標貼
1955 年

●香滴酒

1955 年上市的「香滴酒」，是以葡萄釀造調製而成的水果甜酒，其標貼亦是受外國啤酒影響作橢圓形設計，紅綠對比的配色形成了活潑、清新的視覺效果，並利用畫面中的葡萄圖案，以傳達出此種水果雞尾酒之產品特色(圖 5-54)。

5-55：葡萄酒標貼 1956年

●葡萄酒

公賣局於1956年推出「葡萄酒」之後，才使台灣葡萄酒生產步上穩定階段。其標貼是以飽滿的葡萄果實圖案作為主題圖形，藉以說明其產品的製造來源與特色(圖5-55)。

5-56：荔枝酒標貼 1957年

●荔枝酒

1957年推出的「荔枝酒」，由於風味特殊甜美，頗受消費者喜愛，其標貼完全仿照上述葡萄酒樣式，僅局部改變，利用荔枝主題圖形，作為產品的識別與說明(圖5-56)。

●鮮果酒

1956年上市的「鮮果酒」，是一種利用楊桃、木瓜、鳳梨、香蕉、生薑及橄欖所製造之綜合水果酒，所以其標貼設計不以特定水果圖案表現，而使用了洋酒標貼的構圖方式以及運用大量的西洋傳統裝飾圖案，並利用傳統的紅、黃、金等顏色之組合以吸引消費者的喜愛，具有活潑鮮豔的視覺效果(圖5-57)。

5-57：鮮果酒標貼 1956年

(四)、啤酒、洋酒

●啤酒

　　1946年公賣局接收日人高砂啤酒廠後隨即開始生產「台灣啤酒」，最初標貼作藍綠色的簡潔設計，利用對稱的小麥圖形以傳達啤酒的釀造特色(圖5-58)；1947年1月成立「台灣酒業公司」之後，隨即改為簡單中英文品名對照設計的標貼(圖5-59)。但初期的標貼樣式與台灣民眾對於啤酒的熟悉印象差異太大，因而市場反應不佳，所以使用不久就改為與日治時期產品類似的包裝形式，其標貼亦作以往常見的橢圓形設計(圖5-60)。在橢圓形外框內排列著英文的公賣局名稱、產品類型，以及「反共抗俄、增產報國」之政令宣傳文字，橢圓內部則是以英文「TAIWAN BEER」為主，中文「台灣啤酒」為副的品牌名稱，其中造形特殊的「台灣啤酒」品牌文字，則是當時普遍流行的手寫美術字體，此標準字一直沿用至今，其間雖有局部修改，但仍保持原來的風格形式，並已在消費者心目中建立了深刻的品牌印象，而成為其產品的識別象徵(圖5-61)。

　　1949年上市的「黑啤酒」，亦與台灣啤酒作相同款式的標貼設計(圖5-62)，僅以褐色、黃色替代台灣啤酒標貼的黃、綠配色，希望藉由色彩以傳達其產品的色澤與品質特徵(圖5-63)。

　　1948年推出的「生啤酒」，其標貼則是在當時歐美簡潔現代設計風格影響下，在啤酒桶造形的標貼中，作簡單文字排列及配以綠色印刷的現代形式設計(圖5-64)。

5-60：
瓶裝台灣啤酒
1947 年

5-58：台灣啤酒標貼　1946 年

5-59：台灣啤酒標貼　1947 年

5-61：
台灣啤酒標貼
1947 年

5-64：生啤酒標貼　1948 年

5-62：瓶裝黑啤酒 1949 年

5-63：黑啤酒標貼　1949 年

●洋酒

為了供應在台洋人及特殊場合之需求，公賣局於 1947 年就開始生產的「陳年威士忌」，即完全模仿進口洋酒的包裝形式，其標貼也是作外國洋酒樣式的設計，正面胴貼全部以英文印刷，只有肩貼有小字的中文品名，但背面卻貼有傳統藥酒常見的說明書，標示此產品具有特殊保健與藥效(圖 5-65 、 5-66 、 5-67)。 1958 年更推出了「高級威士忌」，其標貼也是模仿國外產品，利用紅色、金色搭配的品牌文字以及大量洋文，以突顯其產品的高級感，並以

5-65：陳年威士忌胴貼 1947 年

5-66：陳年威士忌肩貼 1947 年

5-67：陳年威士忌說明書 1947 年

木樽酒桶圖形傳達出陳年釀造的洋酒意象(圖 5-68)。

1951 年上市的「晶酒」，其標貼的色彩、構圖亦是仿傚洋酒形式，以公賣局之建築作為畫面之主題圖形，強調出公賣局所自行研發生產的產品特色，並利用深灰色與金色的色彩組合，使其具有洋酒一般的高級感，是台灣酒類標貼中少見的設計(圖 5-69)。 1955 年之後改名為「台灣琴酒」，並作黑色標貼印上銀色文字的完全洋酒樣式設計(圖 5-70)。

1956 年推出的「蘭酒」，其標貼設計亦是受洋酒影響，以英文的「TAIWAN RUM」為主，中文「蘭酒」為副之品牌設計，並利用金色與紅色為主的配色，以呈現其產品的高級感，整體設計簡單、大方(圖 5-71)。

5-68：高級威士忌標貼　1958 年

5-70：台灣琴酒標貼　1955 年

5-69：晶酒標貼　1951 年

5-71：蘭酒標貼　1956 年

二、 1945 至 1959 年的設計表現

　　上述將台灣光復後至1950年代末期的各種酒類標貼加以分析後發現，若依其設計表現形式加以分類，則可將此階段的標貼歸納為下列三種主要風格特色：

(一)、中國傳統風格的設計

　　在此政權交替，社會、政治環境動盪之際，台灣成為數千年來中華民族道統唯一合法的繼承者，以及肩負著反共復國的時代使命，與文化復興之民族大業，中國文化傳統的發揚成為當時重要任務。因此，這個階段公賣局的生產計劃，亦以發揚國粹儘量研製具代表性的傳統酒類為目標，並且在標貼設計上，以傳統風格的表現為方向。所以除了將日治時期的產品更改為具有傳統色彩的品名外，並大量運用傳統的色彩、圖案、構圖與書法字體於標貼中，以塑造濃厚的中國傳統意象。例如連當時生產的清酒，也以「福壽酒」傳統品牌名稱上市，並作中國傳統色彩的標貼設計，利用傳統民間喜愛的配色與具有「福壽」象徵意義的傳統吉祥圖案為主題。

　　此外，公賣局的酒類從1952年開始即有外銷，這些產品除了為國家賺取外匯外，更肩負著中華傳統文化推廣與宣傳之重責，所以為配合外銷政策，具有傳統色彩的標貼，乃成為設計之最佳選擇。

(二)、日治殖民文化影響的設計

　　光復之後，政府為迅速斷絕所有日治時期日人遺留下來的殖民思想，所

以積極推動中國傳統文化於台灣,一切以漢族文化為依歸,所以公賣局也配合政策在酒類標貼設計中特別強調中國傳統風格。雖然有關當局積極消弭殖民文化,但日治五十年來日本文化的耳濡目染,已對台灣民眾影響深遠,使得日本生活形態、文化思想仍然存留於民間生活中,當時公賣局為迎合市場需求,有些產品還保有原來的風味;且光復後的酒類生產仍是延續日治時期的專賣制度,國民政府派員接收專賣局時,雖遣回了大部份日籍員工,但尚留用部分具有專業技術者繼續各酒廠之生產製造,或許這些人亦有的參與光復後之標貼設計與印刷工作。所以許多日治時期的設計風格,無形中還影響了光復初期的標貼,使當時的部份酒類標貼尚殘留有日治時期的色彩。例如公賣局於1949年生產的五加皮酒,其標貼則出現光復之前五加皮酒常用的視覺符號,作日治專賣時期一般消費者熟悉的設計樣式。

(三)、受西洋形式或現代文化影響的設計

台灣早在日治時期就有洋酒的進口,這些外來產品的包裝設計,在專賣前已成為民間製酒業者模仿的對象,日治專賣之後更明顯影響了當時的標貼設計;此外,經由日人統治者帶來的西方文明,在日治時期也對台灣酒類標貼設計,有著深遠的影響。這種外來商品、文化的設計影響,在光復後依然持續不斷,當時的酒類標貼有許多仍模仿外國設計樣式。

光復後的百廢待舉階段,許多民生物資尚須仰賴國外輸入,所以社會大眾面對外來產品或進口商品時,則往往為其新穎的外觀與包裝所吸引,並視為時髦、現代之象徵,而群起仿效;尤其在美軍協防台灣與大量美援助台時期,許多西方文化與美式商品大量在台出現,並形成了新的流行趨勢,這些

外來商品、文化無形中亦影響了當時台灣的商品包裝。例如當時公賣局生產的各種洋酒，幾乎都是仿效進口產品的包裝形式，其標貼也是作外國洋酒樣式的設計；甚至有些傳統本土酒類亦受其影響，而作當時西方流行的抽象、簡潔形式標貼設計，或使用西洋的裝飾圖案，藉以提升其產品的價值。像「太白酒」、「燒酒」這種當時廉價、普遍的民生用酒，其標貼也受進口商品影響作簡潔的圖形設計及畫面構成，而呈現了具有台灣本土色彩之現代風格設計。

(四)、「反共復國」特殊環境影響的設計

由於此階段社會正籠罩於大陸淪陷、中華民國退守台灣之反共復國氣氛中，所以從當時的標貼設計，亦能反映出枕戈待旦的反攻大陸備戰色彩。公賣局除優先生產傳統酒類並大量運用中國傳統風格的標貼外，「反共抗俄、增產報國」政令宣傳文字，則是當時標貼設計必備的文字訊息，透過這些文宣標語的使用，讓台灣民眾在飲酒之際，尚能隨時加強愛國意識與反共信心。

此時公賣局產品除了在本省銷售外，並有供應金門、馬祖等前線，以及從1952年開始有些外銷至香港、日本、美國等地。專銷前線的酒類，以台灣較為普及的產品為主；外銷產品則為較高級的傳統酒類，希望透過這些傳統酒類的海外銷售，不僅可以宣慰僑胞，更發揮了文化宣傳的特殊政治意義。這些產品的標貼通常皆不作特別設計，僅在原有的標貼上加印「專銷福建省區」、「專銷海外地區」之字樣，以作為產品之區別。

三、1960 至 1970 年的產品類型

　　經過了艱困的戰後重整階段，台灣在1950年代末期已漸漸站穩腳步，政府所推行的各項改革政策也有初步成效，尤其是「土地改革」政策的實施，使農業生產增加，而解決了糧食不足的問題，人民生活得以改善，社會安定發展。除了政府各項經濟措施執行外，美援的大量投入亦使台灣在1960年代中期經濟穩定，而奠定了往後經濟起飛的基礎。所以酒類產品的消費，在 1960 年代以前的階段，皆以中、低價位的廉價產品為主，到了1960年代之後，中、高價位酒類才逐漸出現。此時台灣經濟不僅由農業生產轉向工業發展，且以快速的腳步成長，國民所得及生活水準逐年提升，酒類的消費量不斷增加，消費品級亦不斷提高，以至於公賣局於此階段的酒類生產快速成長，不只產量增加，品質改善，產品種類也因應消費者需求而更多樣化。

　　1960年代之後，由於經濟快速發展，工商業市場競爭激烈，促使商品設計的觀念開始萌芽，包裝設計、廣告設計逐漸受注意。當時民間已漸漸有設計專門行業的出現，為工商業服務的美術設計日益被社會大眾重視與肯定。

　　並且，此時西方現代設計也透過國外專家的來台指導與學校設計課程的實施，而有系統的被引進台灣，促使了台灣現代設計觀念的建立與發展。由於當時有大量美援助台，所以政府便在1953年設置了「工業發展委員會」，督導全省工業計畫之加速發展與實施，並聘請世界各國著名的手工藝品專家

與工業設計師來台協助指導，以提升國內產品設計的品質。1959年更聘請美國工業設計專家吉樂第（Alfred B. Girady ）來台協助台灣產品設計的工作，率先把西方現代設計觀念帶進台灣，他除了輔導當時國內企業之產品設計外，並於國立藝專(國立台灣藝術大學前身)及中國生產力中心教授「設計基楚」課程，有系統的把當時西方盛行的「包浩斯」（Bauhaus）現代設計觀念及設計方法推廣至學校及業界，使台灣奠定了現代設計的根基，並影響了往後台灣之近代設計發展。

　　吉樂第在台期間，曾協助業界推廣各項設計工作，例如公賣局在1961年曾與中國生產力中心訂約，委託吉樂第從事菸酒包裝及標貼之改良與設計工作， 1961 年生產的「金台美酒」白葡萄酒之包裝與標貼設計，「雙喜」與「樂園」香菸之改款設計，以及「玉山」香菸之包裝設計皆是其當時的作品。

　　在此設計發展快速的環境下，公賣局的酒類包裝及標貼設計，亦受其影響而逐漸注重，許多舊有產品紛紛作包裝及標貼的改款設計變化，而且新產品的標貼也能針對產品特性作不同的設計。以下即針對此階段的酒類標貼，依產品類型逐一分析其設計表現之風格特色：

(一)、舊產品的標貼設計

　　許多銷售量不錯的酒類，於此階段仍繼續生產，其標貼有的維持原來設計，但有些則由於社會環境轉變，受到市場需求及設計流行的影響，而作舊標貼的改款設計。正如下列各例之分析，這些舊產品的標貼，有的僅作小部份更改，有些則重新作不同面貌的設計。

●烏豆酒

　　此階段的「烏豆酒」標貼，仍保有原來受現代設計影響的中國傳統風格，色彩、品牌字體、裝飾圖案皆與原來一樣，僅改變畫面分割之比例與設計編排，把原來垂直方向的構圖，改為平行橫列方式，在新的標貼中更增加了英文之品名對照，使其產品更具有現代化意象(圖5-72)。

5-72：烏豆酒標貼　1961年

●高粱酒

5-73：高粱酒標貼
　　　1962年

　　1960年代之後的「高粱酒」標貼有小部份變化，僅把紅褐色的高粱穗圖形，改以明亮的黃色及稍有弧度不同的造形，背景作單純的淺黃色，品牌字體雖仍是手寫的明體字，但不作以前的立體造形設計，並把原來標貼下方圓弧造形排列的製造者名稱，改以簡單的中英文對照安排，整體設計較原來活潑且具現代感(圖5-73)。

●葡萄酒

　　此階段的「葡萄酒」標貼，只作局部的小改變，構圖、主題圖形及品牌字體皆和原有設計一樣，但作不同的色彩計劃，以淺綠色背景與深色綠葡萄葉，襯托出紅紫色的葡萄果實，使標貼的葡萄圖形在視覺上更加顯目，並作反白設計之品牌字體，使其傳達的效果更佳(圖5-74)。

5-74：葡萄酒標貼
　　　1961年

5-75：
烏梅酒標貼
1961年

●烏梅酒

1960年代之後的「烏梅酒」標貼仍維持原有樣式，僅作小部分的修改，把中文的品牌字體加大，英文品牌字體縮小，使其產品呈現出本土色彩(圖5-75)。到了1960年代末期，更改為垂直的標貼樣式，但仍延續原有的設計風格(圖5-76)。

5-76：烏梅酒標貼
1969年

●台灣啤酒

1960年代的「台灣啤酒」標貼，仍作原來的橢圓形設計，但外框的英文字已改為簡單的綠色色帶，並由於此產品在市場上已建立信譽，所以標貼的中文品牌文字調整於英文名稱之上，而成為主要商標，製造者訊息並以中、英對照排列於標貼下方，使整體設計更形簡潔(圖5-77)。

1968年公賣局為因應市場需求，新建了中興啤酒廠以增加產量，並同時產製了鋁罐裝啤酒，其容器外觀的標貼形式與以往瓶裝啤酒不同，以油墨直接印刷於鋁罐上，所以其設計亦作新的面貌，利用白色背景配上藍色波浪曲線分割的垂直線條圖案，以傳達出冰涼、清爽的色彩意象與產品特質，這種風格的設計亦一直沿用至今(圖5-78)。

5-77：台灣啤酒標貼
1961年

5-78：鋁罐裝台灣啤酒
1968年

5-79：生啤酒標貼
1969年

●生啤酒

「生啤酒」的標貼，在 1960 年代末期之後，改為橢圓造形的設計，黃綠色背景配以深綠色的品牌及文字說明，並有反白的麥穗圖案，而呈現出簡潔的現代風格(圖 5-79)。

5-80：太白酒標貼 1960 年

●太白酒

1960 年代之後的「太白酒」標貼仍作抽象風格設計，但改以橫式的構圖方式，背景利用紅、白相間的抽象圖形，以襯托綠色反白的品牌文字，中文品牌文字雖與原來的標貼一樣，但不作立體造形的設計，而配上英文的名稱對照，使整體設計更形簡潔且具現代感(圖 5-80)。

●紅露酒

「紅露酒」的標貼，雖在1960年代之後作全新的設計，但仍維持中國傳統風格特色，以金色背景及隸書品牌文字配上紅色的酒罈主題圖形，圖形中並有古代的饕餮紋飾，整體設計簡潔大方並具有濃厚中國色彩 (圖5-81)。

●陳年紅露酒

「陳年紅露酒」於 1952 年停產後，到了 1965 年才又重新釀製並以「陳年紅酒」名稱推出，其標貼類似當時紹興酒的樣式，幾乎完全相同的畫面構成、主題圖形與設計風格(圖5-82)。但此商品上市不久隨即改名為「陳年紅

5-81：紅露酒標貼 1963 年

5-82：陳年紅酒標貼 1965 年

5-83：陳年紅老酒標貼 1967 年

老酒」，並與當時的紅露酒作相同的包裝，其標貼也依照紅露酒樣式，僅利用小部分的色彩與裝飾圖案變化，作為兩者的產品區別，在紅色背景上作金色的酒罈造形，並印上黑色書法品牌名稱，畫面上、下各有夔龍圖案裝飾(圖5-83)；為了使產品類型統一，1960年代末期更把「陳年紅老酒」改名為「陳年紅露酒」，並繼續使用原有樣式的標貼設計(圖5-84)。

5-84：陳年紅露酒標貼 1969 年

●特級清酒

「特級清酒」的新款式標貼，是1962年由中國生產力中心協助公賣局委請專家設計的，作與以往不同風格的表現，在大面積的紅色背景上，有當時書法名家于右任草書反白的「清酒」兩字，搭配上方金色小圓點之紅色「特級」文字及下方金色色帶之英文品名，使整體設計呈現出濃厚的中國色彩，且表現出簡潔的現代設計風格(圖5-85)。

5-85：特級清酒標貼 1962 年

● 橘酒

　　「橘酒」的標貼，在1960年代初期改為較具本土色彩的設計，高明度的淡黃綠色背景，配上畫面中間黑色色帶及橘紅色的「橘酒」品名，標貼上方並有說明產品製造來源之橘子圖形，以及「香醇可口、健胃強身」的產品宣傳文字設計(圖5-86)。

5-86：橘酒標貼　1960年

● 桂圓酒

　　1960年代中期，「桂圓酒」標貼曾改為較活潑、簡潔的設計，省略了原有標貼下方之說明書，並加上英文品牌名稱，使其更具現代感(圖5-87)，隨後並改以鮮豔的黃色背景，呈現更為活潑的設計效果(圖5-88)。但此種新式樣的標貼設計無法獲得消費者青睞，所以使用不久即恢復了原有傳統色彩的設計。到了1960年代末期，更改名為「龍眼酒」，作與荔枝酒相同樣式的標貼設計，利用寫實的龍眼圖形以傳達產品特色(圖5-89)。

5-87：桂圓酒標貼　1965年

5-88：
桂圓酒標貼
1966年

5-89：
瓶裝龍眼酒
1969年

●蘭酒

　　1969年「蘭酒」雖更改品牌為「蘭姆酒」重新包裝上市，但僅在原來標貼上加了隸書的「蘭姆酒」品牌名稱，而不更改標貼設計樣式，以延續蘭酒原來的產品意象(圖5-90)。

5-90：蘭姆酒標貼
1969年

●台灣晶酒

　　光復初期的台灣晶酒推出不久即改為「台灣琴酒」，但在1964年則又恢復為「台灣晶酒」的品名，並重新作標貼設計，以褐色圓形圖案作為畫面的中心，圖案中以「TAIWAN DRY GIN」為主要品牌名稱，強調其產品之洋酒特質，圖案兩旁並有金色的麥穗圖形，用以說明其產品之釀造特色，整體設計簡單大方且具有現代感(圖5-91)。

5-91：台灣晶酒標貼
1964年

(二)、新產品的標貼設計

　　1960年代的台灣，由於社會逐漸安定，經濟日益發展，國民所得增加，人民生活安康，對於酒類的消費口味也趨於多元化，許多早期生產的低價位產品或銷路不佳的酒類，逐漸淘汰而停產，相對的各類新口味的產品也逐年增加，在這段期間公賣局總共在市面上推出了12種新產品，以提供給消費者有多樣的選擇。此時公賣局的酒類生產政策，除了繼續生產具代表性

的傳統酒類，以及節約米糧，利用盛產的水果研發各種水果酒外；並為進一步提供消費者有更多元化的產品選擇，而增加新產品的研發。此階段新增加的產品包括有各種傳統酒類、水果酒類，以及淡啤酒等，這些酒類各依其產品的種類特色及品牌名稱，有不同的標貼設計，以下即按各酒類推出的順序，逐一分析其標貼設計的風格與表現特色。

● 白葡萄酒

1961年公賣局開始生產白葡萄酒，並以「金台美酒」之品牌推出上市，包裝與標貼是委託當時聘請來台輔導工業設計之美國設計專家吉樂第（Alfred B. Girady) 負責設計，共有肩貼票、胴貼票與背面瓶身下方之証票三種(圖5-92)。正面的胴貼票作罕見的三角形設計，下半段有金色反白之抽象葡萄圖形，上半段則以暖灰色背景排列著反白之中英文對照的品牌與金色的台灣輪廓圖案，整個標貼呈現出簡潔的現代設計風格(圖5-93)。

5-93：金台美酒標貼　　5-92：瓶裝金台美酒
　　　1961年　　　　　　　　1961年

● 紅葡萄酒

1961年生產的「紅葡萄酒」，其標貼以紫色的葡萄為主題圖形，標貼上方作紅色書法品牌名稱，下方則排列製造者之中、英文對照，整体設計簡單大方(圖5-94)，此產品由於釀酒葡萄產量不穩定，且市場銷售不理想，乃

於 1966 年停止生產。但不久則又
改變原來的包裝重新上市,並作與
白葡萄酒相同的品牌名稱與設計樣
式,其標貼僅改變色彩計劃,利用
紫紅色的抽象葡萄圖案以作為產品
之識別(圖 5-95)。

5-94:紅葡萄酒標貼　1961 年　　5-95:紅金台美酒標貼
　　　　　　　　　　　　　　　　　　　　1967 年

5-96:虎骨酒標貼　1961 年

● **虎骨酒**

　　公賣局為因應消費者的需要,乃於 1961 年同時推出
虎骨、參茸、烏雞等三種傳統藥酒。「虎骨酒」的標貼,
係利用中國傳統金、紅、黑等色彩搭配,在朱紅色標貼上
有金色的殷商銅器虎頭獸面紋飾上下相對,標貼正中則為
黑色隸書字體的品牌名稱,藉由中國傳統風格設計,以強
調此產品所具有之傳統特色(圖 5-96)。

● **參茸酒**

　　「參茸酒」的標貼亦是作傳統樣式之設計,利用
紅色反白的人參、鹿茸寫實圖形,以強調此藥酒之真
材實料,畫面中間印有書法之品牌名稱,標貼兩旁除
了此階段必備的「建設台灣、復興中華」等政令宣傳
標語外,並有「健腦滋養、強身補腎」等說明產品特
色之宣傳文字(圖 5-97)。

5-97:參茸酒標貼　1961 年

●烏雞酒

「烏雞酒」的標貼與上述二者一樣皆作傳統風格之設計，由於烏雞酒係以烏骨雞、中藥材與高粱酒配製而成的，所以在標貼中利用兩隻寫實的烏雞以傳達此產品之特色，並有行書的品牌字體及外框金色的傳統夔龍圖案裝飾，使其設計更具傳統色彩(圖5-98)。

5-98：烏雞酒標貼　1961 年

●草莓酒

1964 年公賣局研發新的水果酒類，而推出了「草莓酒」，其標貼設計以白色底配上紅色書法體品牌，以及中間紅色色塊作英文美術字體的品名對照，左下方並以彩色的寫實草莓圖形，作為產品種類的識別，並傳達出水果酒之清淡特色(圖 5-99)。

5-99：草莓酒標貼　1964 年

●白蘭地酒

1964 年公賣局推出利用葡萄酒蒸餾萃取而成的「白蘭地酒」，其標貼是在紫色背景上作橢圓的反白造形，並排列著金色中、英文對照的品牌名稱，以及抽象的橢圓形葡萄果粒，標貼上、下並有金色的線條裝飾，整體標貼設計是利用紫色的葡萄色彩及橢圓形的葡萄果粒造形，以傳達產品的特色並呈現出簡潔的現代設計風格(圖 5-100)。

5-100：白蘭地酒標貼　1964 年

135

●黃酒

　　1964年公賣局推出由米糧釀造而成的新產品，由於呈黃琥珀色，故以「黃酒」為名。其標貼以紅色為底，作上、下兩端金色色帶及中間對稱的黃龍圖案，並配上書法字體的品牌名稱，呈現濃厚的中國傳統色彩(圖5-101)。

5-101：黃酒標貼
1964 年

●陳年紹興酒

　　公賣局於 1965 年推出了「陳年紹興酒」，此產品顧名思義為延長酒齡之紹興酒，所以與一般紹興酒作相同的包裝，並採用紹興酒初期的標貼設計，僅在中央品牌上方加印「陳年」兩字，以作為產品之區別，並作金色為底的色彩變化(圖 5-102)。

5-102：陳年紹興酒標貼
1965 年

●果露酒

　　公賣局於1965年生產利用葡萄、梅子、李子、鳳梨、香蕉、木瓜等水果釀成的「果露酒」，是一種低酒精度的泡沫性綜合水果酒，物美價廉，每

瓶僅售新台幣5元（當時一瓶台灣啤酒售價為17元），為夏天消暑的清涼飲料。所以其標貼設計，以蘋果綠的簡單畫面分割，配上墨綠色美術字的品牌名稱，整體設計簡潔樸素且能表現出清爽平實的產品特性(圖5-103)。

5-103：果露酒標貼　1965 年

● 狀元燒

　　1968年上市的「狀元燒」，是由紹興酒蒸餾而成，在深紅色橢圓形標貼中作反白的文字編排，並利用金色的傳統朵雲圖案作裝飾，呈現中國傳統風格設計(圖5-104)。

5-104：狀元酒標貼　1968年

● 福酒

　　「福酒」為福建老酒之別稱，是一種米糧釀造的傳統酒類，於1969年生產上市，其標貼與前述黃酒作類似的設計，僅把中央金色的裝飾圖形，改為福字排列的圓形圖案及傳統的蝙蝠吉祥圖案，以強調產品的品牌意象，圖形中央並有書法的「福」字品牌，整體設計呈現出濃厚的中國傳統色彩(圖5-105)。

5-105：福酒標貼
1969年

四、1960至1970年的設計表現

　　經由上述對於1960年代酒類標貼逐一分析其形式風格後可以發現，由於社會環境的發展、產品類型的變化、外來文化的刺激、設計觀念的注重及設計表現的成熟等因素影響，促使此階段的酒類標貼面貌，雖然大多仍以中國傳統風格為主，但西洋形式或中西融合而具有中國色彩之現代設計亦未曾間斷。所以此階段的標貼設計具有下列之表現特色：

(一)、產品類型明顯的形式化風格

　　光復初期的酒類標貼，雖有作中國傳統色彩以及仿傚西洋形式的設計，但不管是何種風格的標貼，對於產品類型及品牌特色之表現皆尚未完整。1960年代之後，雖然酒的種類更多，但如何利用標貼設計以作為產品區別與產品特性傳達，則於此階段逐漸受到注意。一般傳統酒類的標貼，大多利用紅、黃、金、黑等傳統顏色的搭配，以塑造傳統酒類的意象，並且在標貼中利用書法字體的品牌名稱及傳統的裝飾圖案，以突顯其產品的風格特色。但這種傳統色彩濃厚的標貼，有時則因風格類似，而易成為形式化的設計，例如「黃酒」與「福酒」之標貼設計，其色彩、構圖完全一樣，僅作為品牌象徵之主題圖形不同，所以產品的識別效果不佳。

　　此時的洋酒類標貼，已漸具本土色彩，例如蘭姆酒的標貼，除了延續原有蘭酒的設計外，並增加了書法字體的中文品牌名稱，使其脫離早期完全西洋形式的設計，而具有中國色彩。水果酒標貼，除了慣用的水果主題圖形外，有些因受西方現代設計影響，而流行作簡潔的圖案化設計，如白葡萄酒、紅葡萄酒、白蘭地酒等。

(二)、現代設計觀念建立與現代設計風格呈現

　　雖然台灣早從日治時期即有洋酒的進口，透過這些洋酒的包裝而引進了西方設計形式，並影響台灣的酒類標貼。光復之後，除了對於外國洋酒標貼的模仿外，透過大量美式西方文化的引進，亦間接促使了台灣的設計發展，由美國而來的現代設計觀念，給當時台灣貧乏的設計環境帶來了刺激，且影

響了當時的酒類標貼設計。

到了1960年代中期之後，由於經濟快速成長，工商業市場競爭，美術設計逐漸受到重視；並且藉由大量西方文化的輸入，亦使台灣接觸到現代設計潮流，從最初的臨摹仿傚到1960年代末期已漸能吸取西方設計菁華，建立正確的設計觀念，而表現出具有本土特色的設計風格，尤其經由國外設計專家的來台協助，更直接把西方現代設計觀念帶進台灣，啟迪了當時台灣的設計視野，並奠定了台灣的設計發展。

例如美國設計師吉樂第於1961年為公賣局設計的白葡萄酒包裝，即為台灣的酒類標貼設計塑立了簡潔現代設計風格的典範與方向，並影響了往後其它產品的設計。所以1964年推出的白蘭地酒，其標貼設計即是受此影響，而利用簡單的色彩與造形，表現出現代設計風格，甚至連傳統酒類亦受現代設計觀念的影響，捨棄傳統裝飾形式的標貼設計，而利用簡單造形與具有傳統象徵的色彩，使其標貼呈現出傳統的現代風格。

(三)、政治社會環境影響的設計表現

1960年代之後，台灣的政治、經濟都在穩定中求發展，呈現一片欣欣向榮的趨勢。此時社會漸趨安定，海峽兩岸雖然仍對峙，但局勢已不似1950年代的緊張，一切政策皆以鞏固、建設台灣使其成為反共復國之中興堡壘為首要目標。此外，中共於1966年發動「文化大革命」之後，使中國傳統文化面臨了前所未有的浩劫。所以為配合政府推動「文化復興」及「生產建設」政策，公賣局則加強傳統酒類的研發製造，這些標貼中的品牌名稱，大多以書法字體之表現為主，甚至連水果酒及洋酒標貼皆普遍使用，例

5-106：介壽酒標貼 1961 年

5-107：介壽酒標貼
1963 年

5-108：祝壽紹興酒標貼
1964 年

5-111：壽酒包裝紙 1966 年

5-110：壽酒標貼 1966 年

5-112：壽酒包裝 1969 年

5-109：祝壽特級清酒標貼
1966 年

5-113：國父誕辰紀念紅露酒標貼
1966 年

如紅葡萄酒、白葡萄酒、草莓酒，以及蘭姆酒等產品，皆使用書法的品牌文字；此階段標貼中的政令宣傳，亦配合國家政策及社會發展，而改為「建設台灣、復興中華」標語，使消費者能時時不忘生產建設與復興傳統文化。

除此之外，在光復之後的威權統治時期，為鞏固統治領導中心，因而透過各種方式加強民眾對國家領袖效忠之觀念思想的灌輸。所以不僅隨時有大量的政令文宣使用，公賣局更於1960年代之後生產許多具有特殊政治意涵的紀念酒類，例如每逢蔣中正總統壽誕之時，皆會有紀念壽酒的推出，以作為全民對領袖之擁戴與祝賀。公賣局通常選擇較高級的傳統酒類作為紀念用壽酒，有的加以重新命名為「介壽酒」、「壽酒」(圖5-106、5-107)；有時則特別在陳年紹興酒、特級清酒等產品標貼印上壽字紋飾、恭祝賀詞或「擁護領袖、萬眾一心」等精神標語(圖5-108、5-109)；甚至還會有專門製作以松鶴、壽翁為主題的標貼及包裝用紙(圖5-110、5-111)，或作華麗的包裝樣式(圖5-112)，這些標貼通常是作紅、黃、金配色具有喜慶吉祥色彩的傳統風格設計。當時的紀念酒類係以每年為祝賀蔣中正壽誕而精心釀製之壽酒為主，並有特別的標貼與包裝設計，期間僅有1966年為紀念國父百年誕辰，而以「紅露酒」標貼加印紀念文字的紀念酒(圖5-113)。由此可以發現，因兩岸局勢關係以及威權政治環境影響，而使此階段的台灣酒類標貼，出現了政治色彩濃厚的特殊設計風貌。

附 錄

附錄一：日治專賣前台灣各地酒廠資料表

地 區	主要代表酒廠	主 要 產 品 名 稱
台北地區	日本芳釀株式會社	清酒、米酒、燒酒、藥酒、味淋
	台灣製酒株式會社	米酒、紅酒、藥酒
	新高釀造株式會社	清酒、米酒、高粱酒、燒酒、紅酒、藥酒
	板橋製酒合資會社	米酒、燒酒、紅酒
	宜蘭振拓產業株式會社淡水工廠	米酒、燒酒、紅酒、藥酒
	樹林紅酒株式會社	米酒、紅酒、藥酒
	龍泉製酒商會	米酒、泡盛、燒酒、紅酒、藥酒
	新庄和泉製酒公司	米酒、燒酒、紅酒、藥酒
	板橋鴻源製酒公司	米酒、燒酒、紅酒
	良泉造酒公司	米酒、燒酒、紅酒
	景尾全香酒造公司	米酒、燒酒
	長興製酒公司	米酒、蕃薯酒、泡盛、燒酒、紅酒、藥酒
	北投製酒公司	米酒、紅酒、藥酒
	宏濟福製酒商行	紹興酒、泡盛、紅酒、藥酒
	泉興製酒公司	米酒、紅酒、藥酒
	源泉製酒公司	米酒、蕃薯酒、燒酒、紅酒
	山腳芳泉製酒公司	米酒、燒酒、紅酒
	釀泉製酒公司	米酒、紅酒
	瀧津製酒公司	米酒、高粱酒、紅酒、藥酒
	湧津製酒公司	米酒、燒酒、紅酒、藥酒
	鶯石製酒公司	米酒、紅酒

地　區	主要代表酒廠	主　要　產　品　名　稱
	桃園改良製酒組合	米酒、紅酒、藥酒
	大坵園製酒公司	米酒、紅酒、藥酒
基隆地區	瑞泉製酒公司	米酒、紅酒
	玉泉酒造公司	米酒、紅酒、藥酒
	三貂興產公司	米酒、蕃薯酒、紅酒、藥酒
	復興製酒公司	米酒、燒酒、紅酒、藥酒
宜蘭地區	宜蘭製酒株式會社	米酒、燒酒、紅酒
	蘭陵酒造株式會社	米酒、燒酒、紅酒
	羅東製酒公司	米酒、燒酒、紅酒
	大溪製酒公司	米酒、糖蜜酒、燒酒、紅酒
	蘇澳製酒公司	米酒、燒酒、紅酒
	礁溪製酒公司	米酒、燒酒、紅酒
新竹地區	台灣釀造株式會社苗栗工廠	米酒、紅酒、藥酒、糯米酒
	龍潭陂製酒公司	米酒、燒酒、紅酒、藥酒
台中地區	大正製酒株式會社	清酒、米酒、糖蜜酒、燒酒、紅酒、藥酒
	日本洋酒株式會社	
	合資會社田中央製酒廠	紅酒、藥酒
	二林製酒公司	糖蜜酒、高粱酒、紅酒
	中部酒造組合	紅酒
	南投製酒組合	藥酒、糖蜜酒、燒酒、紅酒、藥酒
	豐原中部製酒公司	米酒、紅酒

地　區	主要代表酒廠	主　要　產　品　名　稱
南投地區	埔里社酒造株式會社	清酒、米酒、燒酒、紅酒、藥酒、白酒
	埔里社製酒組合	米酒、紅酒、藥酒、糯米酒
台南地區	台南製酒株式會社	清酒、米酒、糖蜜酒、藥酒
	台灣酒造株式會社	米酒、糖蜜酒、藥酒、味淋
	鹽水港製酒公司	糖蜜酒、紅酒、藥酒、糯米酒
	新營製酒公司	清酒、糖蜜酒、燒酒、藥酒、糯米酒
	新泉利製酒公司	糖蜜酒、藥酒、糯米酒
	噍吧哖製酒公司	糖蜜酒、藥酒
嘉義地區	大正製酒株式會社斗六、嘉義、北港工廠	清酒、糖蜜酒、燒酒、紅酒、藥酒、味淋
	台樸製酒株式會社	清酒、糖蜜酒、蕃薯酒、燒酒、紅酒、藥酒、糯米酒
	嘉義製酒株式會社	糖蜜酒、紅酒、藥酒
高雄地區	南部製酒株式會社	米酒、糖蜜酒、高粱酒
	南興製酒公司	米酒、糖蜜酒
	旗山釀造株式會社	米酒
屏東地區	阿猴釀造株式會社	米酒、燒酒、紅酒、藥酒、糯米酒
	佐倉井酒類製造合資會社	米酒、燒酒、紅酒
	東港製酒株式會社	米酒
	六根製酒株式會社	米酒
	枋寮製酒株式會社	米酒

地　區	主要代表酒廠	主　要　產　品　名　稱
屏東地區	高樹下製酒組合	米酒
	內埔酒類製造組合	米酒、糯米酒
	潮州酒類製造公司	米酒
	萬巒萬泰酒製造公司	米酒、紅酒、藥酒
	台灣製糖拓殖株式會社	糖蜜酒、米酒
	恆春芳釀拓殖會社	米酒
澎湖花蓮港	澎湖製酒公司	糖蜜酒、泡盛
	宜蘭振拓產業株式會社稻佳工廠	米酒、燒酒、紅酒
台東地區	台東製糖株式會社製酒工廠	糖蜜酒
	廣香產業株式會社廣澳酒造場	米酒
	增永三吉	濁酒、米酒、糖蜜酒、泡盛

附錄二：日治專賣時期台灣酒類生產資料表

年代	新增產品名稱	新增產品圖錄
1922	・福祿清酒第一號 ・萬壽清酒 ・米酒第三號 ・樽裝米酒 ・樽裝糖蜜酒 ・老紅酒第一號 ・燒酎 ・藥用五加皮酒第一號 ・藥用五加皮酒第二號 ・藥用五加皮酒第三號 ・藥用虎骨酒 ・日本藥局方葡萄酒	
1923	・白酒 ・黑酒 ・紅梅紅酒 ・樽裝紅添酒 ・高粱酒 ・天津五加皮酒 ・天津五加皮酒(改款) ・天津玫瑰露酒 ・糯米酒	
1924	・萬壽清酒(改款) ・藥用五加皮酒第二號 　(改款) ・五加皮酒第三號 　(改款) ・虎骨酒第一號 ・虎骨酒第二號 ・特製虎骨酒第三號	

年代	新增產品名稱	新 增 產 品 圖 錄
1924	・天津玫瑰露酒(改款) ・泡盛酒 ・日本藥局方生葡萄酒	
1925	・老紅酒第三號	
1926	・福祿清酒第二號	
1927	・老紅酒第二號 ・天津五加皮酒(改款) ・酒精	
1928	・白酒(改款)	
1929	・萬壽清酒(改款) ・蓬萊味淋 ・米酒 ・紹興酒 ・燒酎(改款) ・燒酎(改款)	

年代	新增產品名稱	新增產品圖錄
1930	・瑞光清酒 ・福祿清酒 ・金標米酒 ・樽裝赤標米酒 ・樽裝赤標糖蜜酒 ・樽裝金標糖蜜酒 ・糖蜜酒 ・金雞老紅酒 ・黃雞老紅酒 ・金蘭五加皮酒	
1931	・五加皮酒第二號 （改款） ・金晴虎骨酒 ・丹桂虎骨酒	
1932	・Ponkano Liqueur ・Espero Whisky	
1933	・生葡萄酒 ・日本藥局方葡萄酒 （改款） ・高砂 RIGHT BEER 　啤酒	
1934	・外銷蘭英老酒 ・外銷玉友老酒 ・外銷五加皮酒 ・外銷糯米酒	

年代	新增產品名稱	新增產品圖錄
1 9 3 5	・瑞光清酒（改款） ・金雞老紅酒（改款） ・日月紅葡萄酒 ・日月白葡萄酒 ・博覽會紀念酒	
1 9 3 6	・外銷 Ponkano 　Liqueur	
1 9 3 7	・銀標米酒 ・瑞光清酒（改款）	
1 9 3 8	・凱旋清酒 ・特製銀標米酒 ・金標米酒（改款） ・金龍五加皮酒 ・藥用葡萄酒 ・外銷五加皮酒 ・外銷蘭英紅酒 ・外銷玉友老酒 ・外銷 Ponkano 　Liqueur（改款） ・Monopoly Gin ・Uuron Liqueur ・Monopoly Whisky ・Ryugan Liqueur	

年代	新增產品名稱	新　增　產　品　圖　錄
1939	・福祿清酒（改款）	
1940	・梅酒	
1941	・鳳梨酒	
1942	・高砂麥酒 ・高砂生麥酒	
1943	・萬歲清酒（南興公司 　廈門酒廠）	
1944	・濃厚酒	
1945		

附錄三：光復後台灣酒類生產年表(1946-1970)

年 代	新 增 產 品 名 稱	新 增 產 品 圖 錄
1946	・勝利酒 ・福壽酒 ・太白酒 ・紅露酒 ・五加皮酒 ・橘酒 ・梅酒 ・台灣啤酒 ・生啤酒 ・鳳梨酒	
1947	・威士忌酒 ・芬芳酒 ・白露酒 ・愛斯配露酒(Espero) ・烏龍酒 ・藥酒 ・玉泉酒 ・日本清酒	
1948	・糖蜜酒 ・特級清酒 ・黑啤酒 ・菩提酒 ・燒酌酒 ・青島啤酒 ・鮮橘酒 ・葡萄酒	
1949	・陳年紅露酒	
1950	・米酒、糯米酒	

年代	新增產品名稱	新增產品圖錄
1951	・高粱酒 ・燒酒 ・晶酒 ・白蘭地酒 ・萬壽酒	
1952	・烏梅酒 ・紹興酒 ・黑啤酒 ・鳳果酒 ・壽酒	
1953	・當歸酒 ・桂圓酒	
1954		
1955	・玫瑰露酒 ・香滴酒 ・琴酒	
1956	・蘭酒 ・葡萄酒 ・鮮果酒	
1957	・雙鹿五加皮酒 ・荔枝酒	
1958	・養命酒 ・高級威士忌酒 ・烏豆酒	

年代	新 增 產 品 名 稱	新 增 產 品 圖 錄
1 9 5 9	・黑啤酒 ・新五加皮酒	
1960		
1 9 6 1	・紅葡萄酒 ・白葡萄酒	
1 9 6 2	・虎骨酒 ・蔘茸酒 ・烏雞酒	
1963		
1 9 6 4	・草莓酒 ・黃酒 ・白蘭地酒	
1 9 6 5	・陳年紅露酒 ・陳年紹興酒 ・果露酒	
1966	・陳年紅酒	
1967	・紅全台美酒 ・陳年老紅酒	

年代	新 增 產 品 名 稱	新 增 產 品 圖 錄
1968	・狀元燒 ・鋁罐台灣啤酒	
1969	・福酒 ・蘭姆酒 ・龍眼酒	
1970		

參考書目

- （清）范咸等撰，1985，重修台灣府志，北京，中華書局。
- 山本地榮，1944，南方の據點‧台灣，東京，朝日新聞社。
- 台灣省專賣局編，1946，台灣一年來之專賣事業，台北，台灣省行政長官公署宣傳委員會。
- 台灣省菸酒公賣局主計室編，1954，台灣省菸酒事業概況，台北，台灣省菸酒公賣局。
- 台灣省菸酒公賣局會計處編，1992，省產菸酒生命歷程分析(續)，台北，台灣省菸酒公賣局。
- 台灣慣習研究會編，1903，台灣慣習記事，台北，台灣總督府。
- 台灣總督府專賣局，1941，台灣酒專賣史，台北，台灣總督府專賣局。
- 吳萬煌，1996，台灣公賣事業的回顧，台北，台灣省菸酒公賣局。
- 呂理州，1994，明治維新──日本邁向現代化的歷程，台北，遠流出版社。
- 李振華，1958，台灣啤酒史，台灣銀行季刊，第10卷，第2期。
- 阮昌銳主持，1995，菸酒博物館規劃研究報告書，台北，台灣省菸酒公賣局。
- 周婉窈，1998，台灣歷史圖說，台北，聯經出版社。
- 周憲文，1957，日據時代台灣之專賣事業，台灣銀行季刊，第9卷，第1期。
- 周憲文，1958，日據時代台灣經濟史，台北，台灣銀行經濟研究室。
- 東方孝義，1942，台灣習俗，台北，同人研究會。
- 姚村雄，1997，日據時期台灣本土特產之包裝設計，台灣美術，第10卷，第1期。
- 姚村雄，1997，台灣酒類包裝之標貼設計研究，台北，藝風堂出版社。
- 姚村雄，1999，日據時期台灣商品包裝設計風格初探，1999跨世紀人文‧

科技國際設計交流學術研討會論文集。

· 范雅鈞，1999，日治時期的酒類標貼，台灣風物，第49卷，第1期。

· 范雅鈞，2002，台灣酒的故事，台北，貓頭鷹出版社。

· 茅秀生，1952，台灣之造酒工業，台灣銀行季刊，第5卷，第3期。

· 宮川次郎，1936，酒專賣の話，台北，台灣實業社。

· 宮崎健三，1932，酒專賣側面史，台北，實業時代社台灣支社。

· 高希均、李誠主編，1990，台灣經驗四十年，台北，天下文化出版公司。

· 張國興，1996，日本殖民統治時代台灣社會的變化(1894-1945年)，台灣史
  論文精選(下)，台北，玉山出版社。

· 張潤生，1986，我國釀酒的起源及其歷代的發展(35)─台灣復興基地的釀酒
  事業，菸酒業務，第30卷，第5期。

· 許世楷，1996，日本支配台灣的機制與意識型態，台北，前衛出版社。

· 許極燉，1996，台灣近代發展史，台北，前衛出版社。

· 連橫，1979，台灣通史，台北，眾文圖書公司。

· 楊家俊，1956，台灣菸酒公賣事業，台北，商業周報社。

· 葉肅科，1993，日落台北城──日治時代台北都市發展與台人日常生活，台
  北，自立晚報社文化出版部。

· 遠流台灣館編著，2001，台灣歷史年表，台北，遠流出版社。

· 魏喦壽、茅秀生，1952，台灣之發酵工業，台北，台灣銀行經濟研究室。

圖片來源

- 本書圖片除由作者提供外，並感謝「大觀視覺設計顧問公司」曾堯生 先生、「埔里酒廠」洪一龍先生，以及郭双富先生的熱心協助。

- 曾堯生： 3-1、3-2、3-3、3-4、3-9、3-10、3-11、3-12、 3-15、3-16、3-17、3-22、3-26、3-27、3-28、 3-29、3-30、3-31、3-32、3-35、3-36、3-40、 3-41、3-42、3-43、3-47、3-48、3-80、3-81、 3-82、3-88、3-89、3-90、5-25、5-31、5-32、 5-45

- 洪一龍： 5-19、5-20、5-22、5-33、5-35、5-41、5-53、 5-55、5-56、5-57、5-71、5-72、5-73、5-74、 5-75、5-77、5-80、5-81、5-82、5-83、8-84、 8-87、5-88、5-90、5-91、5-96、5-97、5-100、 5-102、5-104、5-105、5-106、5-107、5-108、 5-109、5-110、5-111、5-113

- 郭双富： 1-4、4-79

國家圖書館出版品預行編目資料

釀造時代 : 1895-1970臺灣酒類標貼設計 /
　姚村雄著. — 第一版. — 臺北縣新店市 :
　遠足文化，民93
　　面 ;　公分. —（臺灣文化百科 ; 1）

　ISBN 986-7630-22-X（平裝）

　1. 商標 – 設計 2. 酒 – 臺灣

964　　　　　　　　　　　　　　92022370

台灣文化百科01

釀造時代——1895至1970台灣酒類標貼設計

作者	姚村雄	執行編輯	賴佩茹
圖片提供	姚村雄	美術編輯	吳雅惠
總編輯	陳柔森	編輯	施雅棠
副總編輯	胡文青	助理編輯	黃珍潔
主編	吳麗雯	本書執編	胡文青

社長　　　　　郭重興
發行人兼出版總監　曾大福
總策劃　　　　侯老師文化股份有限公司
顧問　　　　　黃德強　陳振楠
出版者　　　　遠足文化事業有限公司
編輯部　　　　231台北縣新店市民權路117號3樓
　　　　　　　電話：(02)22181417
　　　　　　　傳真：(02)22188057
E-mail　　　　walkers99.tw@yahoo.com.tw
郵撥帳號　　　19504465
客服專線　　　0800221029
網址　　　　　http://www.sinobooks.com.tw
法律顧問　　　北辰著作權事務所 蕭雄淋律師
印 製　　　　成陽印刷股份有限公司 電話：（02）22651491

定 價　360元
第一版第一刷 中華民國93年02月

ISBN 986-7630-22-X
© 2004 Walkers Cultural Print in Taiwan

【台灣文化百科】

在地關懷‧世界觀點